과학자의 명언으로 배우는 교양과학

과학자의 명언으로 배우는 교양과학

초판 찍은 날 2020년 8월 10일
초판 펴낸 날 2020년 8월 18일

지은이 김형근

펴낸곳 오엘북스
펴낸이 옥두석

편집장 이선미 | **책임편집** 임인기
디자인 이호진

주소 경기도 고양시 일산동구 중앙로 1055 레이크하임 206호
전화 031. 906-2647 | **팩스** 031. 912-6643 | **이메일** olbooks@daum.net
출판등록 2020년 1월 7일(제2020-000115호)

ISBN 979-11-969309-0-5 03400

35인의 과학자, 세상을 바꾸다

과학자의 명언으로
배우는 교양과학

김형근 지음

오엘북스

두려움의 극복이 지혜의 시작이다(To conquer fear is the beginning of wisdom).

―버트런드 러셀

글을 마무리한 지금 코로나바이러스감염증-19(COVID-19)이라는 신종 감염병의 창궐로 전 세계가 공황상태에 빠졌습니다. 코로나 팬데믹으로 모든 산업이 영향을 받고 항공산업을 비롯한 대부분의 경제 활동이 정지된 상태입니다. 마치 전쟁 상황에서 필수물자 외에는 전면 중지라는 경제공황 상태처럼 보입니다. 1929년 세계가 경험했던 대공황이 현실화 조짐을 보이고, 그보다 더 무서운 또 다른 바이러스의 출현으로 인류의 멸망을 예견하는 사람들도 늘어나고 있습니다. 그러나 무엇보다 우리를 불안하게 하는 것은 이 질병으로 인한 사망자 수가 급증하고 있다는 소식입니다.

우리는 이러한 상황을 어떻게 설명할 수 있을까요? 눈에 보이지 않는 병원체인 박테리아와 바이러스는 어떻게 인류를 괴롭히는 가장 큰 위협적인 존재가 되었을까요? 인류는 그동안 쌓아온 첨단 과학과 의학을 이용해 이러한 위협으로부터 해방될 수 있을까요? 그러나 한 가지는 분명합니다. 이러한 위협이 인류가 자초한 환경 재앙에서 비롯된 것이든, 아니면 또 다른 이유든 간에 인류가 만든 과학과 기술의 문제를 다시 과학과 기술의 힘을 빌려 해결해야 한다는 사실입니다.

코로나19 또한 마찬가지입니다. 지구의 여신 가이아가 환경을 파괴하는 인류에게 주는 경고라는 생각이 듭니다. 사실 코로나19로 산업활동이 중지된 지 불과 한 달 사이에 대기 오염이 급속히 줄어들었다는 뉴스가 줄을 잇고 있습니다. 심지어 대기 오염으로 악명 높은 영국과 프랑스에서 수십 년 만에 하늘의 별을 볼 수 있을 정도로 맑아졌다고 합니다. 아마 코로나19 이후 우리의 패러다임은 생각보다 훨씬 더 크게 바뀔 것으로 보입니다. 또한 과학에도 새로운 길을 열어주리라고 생각합니다.

저는 30여 년간 영자 신문과 일간지에 근무하면서도 과학과는 거리를 두고 지내다가 언론생활에서 물러나 우연히 노벨상을 받은 학자와 인터뷰를 하면서 과학저술가의 길을 걷게 되었습니다. 그동안 여러 외국 과학자의 강연을 듣고 인터뷰도 하면서 느꼈습니다. 그들은 늘 유명 과학자의 명언을 즐겨 사용합니다. 그리고 명언을 새롭게 만들어내는 것이 인상적이었습니다. 짤막한 한마디 속에 전달하려는 모든 내용이 녹아 있는 명언이 매우 멋지게 보였습니다. 명언 속에는 자신의 삶과 생각, 철학과 과학이 고스란히 녹아 있고, 그 모든 것을 설명하는 깊은 의미가 함축되어 있었습니다. 그래서 명언을 모아 책을 내보겠다는 계획을 세우게 된 것이죠. 유명 과학자의 삶을 다시 조명해 과학에 대한 흥미를 불러일으키면서 인문학적 소양에 도움이 될 수 있으면 좋겠다는 바람이었습니다.

그리고 저처럼 과학에 대한 전문가가 아닌 사람이 글을 쓰면 독자에게 좀 더 쉽게 전달할 수 있겠구나 하는 어쭙잖은 생각도 했습니다. 앞에서 인용한 저명한 수학자이자 철학자인 버트런드 러셀의 명언이 주저하는 제 자신에게 과학 이야기를 쓰도록 용기를 북돋워주었습니다.

2006년 서울에서 열린 제19회 국제화학교육대회(ICCE)에서 《원소의 왕국*The Periodic Kingdom*》으로 유명한 영국 옥스퍼드대학의 피터 앳

명언으로 배우는 교양과학

킨스(Peter W. Atkins) 교수를 만났습니다. 세계 화학도의 스승이라 칭송받는 그는 인터뷰에서 "한국의 태극기 속에서 훌륭한 화학방정식을 발견했다(I found an eminent chemical equation in Korean national flag)."고 했습니다. 평범하지만 대단한 통찰이 담긴 이 말도 훗날 명언으로 남지 않을까요?

또 미국 캘리포니아대학(UCSD)의 앨런 파우(Alan Pauau) 교수는 에디슨의 명언으로 강연을 시작했습니다. "아이디어의 가치는 그것을 사용할 때 비로소 나타난다(The value of an idea lies in the using of it)." 공과대학은 낭만의 캠퍼스에 안주하지 말고 현장으로 나오라는 메시지를 함축적으로 시사하고 있지요. 팀 버너스 리(Tim Berners Lee)와 함께 월드와이드웹(www)을 만든 유럽핵물리연구소의 로버트 칼리우(Robert Calliau) 박사는 "인터넷의 탄생으로 과학의 기초가 무너지고 있다."며 순수과학의 몰락에 대한 아쉬움을 전하기도 하더군요.

이 책에는 세계 유명 과학자의 주옥같은 한마디가 가득합니다. 원자폭탄을 만든 맨해튼프로젝트를 선두에서 지휘한 후 "제 손에는 (희생자들의) 피가 묻어 있습니다(I feel I have blood on my hands)."라며

회한과 속죄 속에서 살다간 오펜하이머, "우리 자신도 결국 (자연이라는) 신비의 한 부분일 뿐(We ourselves are a part of the mystery)."이라며 겸손의 과학을 설파한 플랑크, "나는 진실과 마주하기를 두려워하는 인간이 되기보다 차라리 두 원숭이의 자손이 되는 것이 낫다(I would rather be the offspring of two apes than be a man and afraid to face the truth)."며 다윈의 진화론을 옹호한 헉슬리 등 우리의 심금을 울리는 명언들이 여러분 마음속으로 파고들 겁니다.

초여름 날씨가 꽤나 덥습니다. 제가 즐겨 찾는 성북동 뒷산은 평화롭고 시원하기 그지없습니다. 찔레꽃 향기가 너무 그윽하고 야생 뽕나무 가지가 무거워서 축 늘어지도록 많은 오디가 열렸습니다. 이름 모를 예쁜 산새들이 오디를 물고 바쁘게 움직입니다. 새들이 지저귀는 소리에 코로나19에 대한 걱정이 온데간데없이 사라집니다. 아름다운 자연의 풍경입니다.

제가 번역한 존 콘웰(John Cornwell)의 《히틀러의 과학자들: 과학, 전쟁 그리고 악마의 계약Hitler's Scientists : Science, War, and the Devil's Pact》(크리에디트, 2008) 서문에 다음과 같은 문장이 나옵니다.

양심을 동반하지 않는 과학은 영혼을 파괴할 뿐이다(Science without conscience is the ruin of the soul).

그렇습니다. 과학보다 더 중요한 것은 영혼과 생명입니다. 과학자의 삶과 더불어 그들의 명언을 감상하면서 과학, 영혼, 생명과 사귀길 바랍니다. 이 책이 그 다리가 되어줄 것입니다.

2020년 6월 성북동 자락에서

김 형 근

CONTENTS

Part 1

생명의 본질을 탐색하다

다윈 | 헉슬리 | 오파린 | 멘델 | 파스퇴르 | 월퍼트 |

멘델레예프 | 프랭클린 | 호지킨 | 히포크라테스 | 갈레노스

● ● ●

현재 우리의 삶에서 가장 큰 비극은 사회가 지혜를 습득하는 것보다
과학이 더 빠르게 지식을 습득하고 있다는 사실이다.

The saddest aspect of life right now is that science gathers

knowledge faster than society gathers wisdom.

—아이작 아시모프(Isaac Asimov)

● ● ●

자연의 변화를 읽은 땅의 혁명가

"우연한 사고로 자신을 종(種)의 집단에서 제거함으로써 다음 세대에는 이 멍청한 종이 좀 더 똑똑해질 것을 보장하며 종 전체를 개선하는 데 기여한 인물들에게 경의를 표한다."

　도대체 무슨 말이냐고요? 바로 '다윈 어워드(Darwin Award)'의 설립 의의입니다. 다윈 어워드는 매년 한 해 동안 '인류 유전자 풀(gene pool)에 해가 되는 열성 유전자'를 스스로 제거한 사람을 선정하는데, 말하자면 말도 안 되게 엉뚱하고 멍청한 방법으로 죽은 사람에게 수여하는 상입니다. 예를 들면 새로 단 창문이 튼튼하다는 것을 자랑한다고 어깨로 창문을 치다 창문을 뚫고 나가 떨어져 죽은 변

웬디 노스컷이 다윈 어워드의 수상 이야기를 엮은 책(2011)

호사, 탄산음료 자판기에서 공짜로 캔을 뽑아 먹으려고 자판기를 발로 차다 자판기가 쓰러지면서 깔려 죽은 청년 등 하여간 수상자 명단을 보면, 정말 실제로 일어난 일이 맞나 싶을 만큼 황당한 사건이 많습니다.

환경에 더 적합한 형질, 즉 우성 형질을 가진 개체가 결국 번성하게 되고, 적합하지 않은 형질을 가진 개체는 점차 사라진다는 다윈의 진화론을 패러디해서 만든 상이 바로 다윈 어워드입니다. 참 기발하죠? 미처 깨닫지 못하고 있지만, 이렇듯 진화론은 우리 삶 곳곳에 침투해 있습니다.

자연이 선택한다?

다윈의 진화론에서 핵심이 되는 이론, 즉 진화의 원동력은 바로 '자연선택'입니다. 간략히 정의하면 다음과 같습니다.

> 다음 세대의 번식 개체군에서, 선호하는 유전 형질은 점점 수가 많아지고, 선호하지 않는 유전 형질은 점점 일반적이지 않게 되는 진화의 과정.

자연선택설은 다윈 이전의 진화론에서는 거의 전례가 없던 독창적인 이론으로, 현재까지도 진화론을 뒷받침하는 가장 좋은 가설로 받아들여지고 있습니다. 다윈은 부모의 형질이 후대로 전해져 내려올 때 자연선택을 통해서 주위 환경에 보다 잘 적응하는 형질이 선택되어 살아남아 내려옴으로써 진화가 일어난다고 주장하였죠. 이

때 주위 환경의 자원은 한정되어 있기 때문에 생물은 같은 종이나 다른 종의 개체와 경쟁해서 살아남아야 하는데, 이 경쟁이 바로 '생존경쟁'입니다.

《종의 기원*Origin of Species*》의 '제3장 생존경쟁'에서 처음으로 등장한 자연선택은 잡종 교배와 같이 인간이 농작물이나 가축 등에 행하는 인위 선택에 대비되어 등장한 용어입니다.

> ……내가 초기 종이라 부른 그 변종들이 어떻게 궁극적으로 좋은, 그리고 하나의 구분된 종으로 변화되는가? 즉, 동일 종의 변종들보다 훨씬 더 다른 변종들이 어떻게 해서 생겨난다는 말인가? ……다음 장에서 더 자세하게 보겠지만 이 모든 결과는 생존 투쟁에서 나온다. 이 투쟁 덕분에 변이들은, 그것이 얼마나 미세하든 어떻게 생겨났든 간에, 만일 한 종의 개체들이 다른 유기체들과 물리적 환경에 복잡한 관계를 맺는 데 조금이라도 유리하면 그런 개체들은 보존될 것이고 일반적으로는 그 자손에게 대물림될 것이다. 그리고 그 자손은 이와 마찬가지로 생존의 기회가 더 많을 것이다. 왜냐하면 한 종 내에서 주기적으로 태어나는 많은 개체 가운데 소수만이 살아남기 때문이다. 작은 각 변이가 유용하면 보존되는 원리, 나는 이런 원리를 인간의 선택과의 관계를 나타내는 뜻에서 '자연선택'이라 부를 것이다.

《종의 기원》은 1859년 11월 24일에 출간된 즉시 온 세상을 떠들썩하게 만들었습니다. 1250부를 찍은 제1판이 서점에 나온 그날로 바로 매진이 되었고, 또 각종 신문과 잡지의 집중 관심을 받기도 했습니다. 그도 그럴 것이 다윈 이전까지만 하더라도 생물이란 신이 창조한 모습 그대로를 지니고 있으며, 그중에서도 특히나 인간은 조물주가 자신의 모습을 본떠 만든 고귀한 존재라는 사실을 믿어 의심치 않았거든요. 이런 시점에서 등장한 다윈의 "모든 종은 변화한다."는 주장은 기존의 사고방식을 뿌리째 흔들어놓는 혁명적인 주장일 수밖에 없었습니다. 수많은 언론이 《종의 기원》에 대한 비판적인 서평과 함께 원숭이의 몸에다 다윈의 얼굴을 그려넣은 우스꽝스러운 삽화를 실었지요.

비글호와 맬서스의 인구론

다윈은 매우 신중한 사람입니다. 비글호를 타고 남태평양을 항해하던 1830년대에 이미 진화론에 대한 아이디어를 떠올렸지만, 증거를 수집하고 이론을 공고히 하는 데 20년이나 되는 시간을 보냈습니다. 물론 다소 우유부단한 성격도 자신의 아이디어를 세상에 내놓는 것을 주저하게 만드는 데 한몫을 한 것 같아요.

슈루즈베리의 의사 집안에서 태어난 다윈은 어릴 적부터 새나 곤

1859년 《종의 기원》 사본 중 하나

충을 수집하는 등 자연을 관찰하고 연구하는 것을 좋아했습니다. 집안의 요구대로 1825년에 에든버러대학 의과대에 진학했지만 의학에는 전혀 관심이 없었고, 오히려 자연사 공부에 몰두하였지요. 그러던 중 영국 최고의 동물학자 로버트 제임슨을 만나 그의 밑에서 바다조름이나 해면 등 해양생물을 연구할 기회를 얻습니다.

마침내 다윈은 의학을 포기하고, 1828년에는 신학 학위를 얻기 위해 케임브리지로 갑니다. 그러나 자연에 대한 관심을 끊지 못한 다윈은 성서를 공부하기보다는 딱정벌레 수집에 더 열심이었죠. 그러던 중 운명을 뒤바꿀 절호의 기회를 얻습니다. 바로 정밀한 신형 시계를 이용해 세계일주 항해와 남아메리카의 해안선 지도를 만들기 위해 항해를 떠나는 비글호에 승선하게 된 것이지요.

몇 주가 지나도 땅덩어리라고는 코빼기도 보이지 않는 지루한 나날들, 게다가 날카롭고 변덕스럽고 괴팍하기까지 한 선장의 말동무를 해주어야 하고, 하루 24시간 끔찍한 배 멀미에 시달려야 하는 등 선상 생활은 그다지 편하지 않았습니다. 가끔 육지에 올라 수집해 온 각종 생물 표본과 영국에서 가지고 온 책이 다윈에게는 유일한 벗이었죠. 특히 찰스 라이엘의 《지질학 원리*Principles of Geology*》는 다

다윈이 다양한 종류의 생물을
관찰할 수 있었던 비글호

원을 흥분케 하고도 남았습니다. 라이엘은 당시 유행하던 천재지변설을 비판하면서 점진적인 변화가 어떻게 지구의 모습을 오랜 세월에 걸쳐 바꿔놓는가에 대해 풍부하면서도 과학적으로 치밀한 견해를 내놓았죠. 《지질학 원리》는 다윈의 세계관을 송두리째 바꾸었고, 결국 그를 진화론으로 이끄는 계기가 되었습니다.

이외에도 다윈의 진화론이 탄생하는 데 커다란 역할을 한 사람이 또 하나 있습니다. 바로 영국의 경제학자 토머스 맬서스지요. 다윈이 맬서스의 《인구론》을 읽고 자연선택설을 생각해냈다는 이야기는 유명합니다. 맬서스는 《인구론》에서 "모든 생물 종은 자연이 그들을 위해 준비해둔 자양분을 넘어서서 증가하는 경향이 있다."고 이야기합니다. 인간도 "억제되지 않으면 25년마다 두 배로 기하급수적으로 늘어난다."는 것을 발견했지요.* 다윈은 여기에서 자원은 한정되어 있고, 그 자원을 쟁취하기 위해 벌어지는 '생존경쟁'의 모습을 떠올렸던 것 같습니다. 나중에 자신의 자서전에서도 이러한 내용을 직접 밝히고 있지요.

1838년 10월, 내가 체계적인 호기심을 갖게 된 후로 15개월이 지나고, 나는 인구에 관한 맬서스의 글을 맞닥뜨리게 되었다. 그리고 오랜 기간 관찰한 동식물 종에서부터 지구상 어디에서나 일어나고 있는 '생존경쟁'

---

* 맬서스는 《인구론》에서 인구는 기하급수적으로 증가하나 식량은 산술급수적으로 증가하므로 인구와 식량 사이의 불균형이 필연적으로 발생할 수밖에 없으며, 여기에서 기근, 빈곤, 악덕이 나타난다고 했다. 이러한 불균형과 인구증가를 억제하는 방법으로 기근과 질병 등으로 인한 사망 같은 적극적인 억제 외에 성적 난행을 막고 결혼을 연기하여 출산율을 감소시키는 등의 도덕적 억제를 들고 있다.

을 절실히 느끼게 되었다. 그 즉시 나는 이러한 자연 환경에서 선호되는 변이들은 보존되는 경향이 있고, 선호되지 않는 변이는 없어지는 경향이 있음을 깨닫게 되었다. 그 결과 새로운 종이 탄생하는 것이다.

변화에 적응하는 종이 살아남는다

《종의 기원》은 지구상에 존재하는 생물 종을 신이 창조했다는 기존의 세계관을 거부하고, 시간의 흐름을 타고 천천히 진화한다고 주장함으로써 큰 논란을 빚기도 했지만, 그 속에 담겨 있는 '생존경쟁', '적자생존'이 강자가 약자를 무너뜨리는 것이 당연하다거나 강자는 약자를 넘어뜨릴 권리가 있다는 논리에 부당하게 사용되어 큰 오해를 낳기도 했습니다. 이러한 주장의 선봉에 섰던 사람이 바로 다윈의 사촌이자 유전학자인 프랜시스 골턴이었죠.

골턴은 자연선택과 적자생존을 인간에게까지 확장하여 우수한 형질을 지닌 인간끼리 짝을 이루다보면 결국 천재적인 종족이 만들어질지 모른다는 가설을 제기하였고, 이것이 시간이 흐르면서 나쁜 형질을 가진 종족은 아예 싹부터 잘라내자는 매우 위험한 방향으로 흐르게 됩니다. 바로 우생학이 싹트기 시작한 것이죠. 우생학은 20

《종의 기원》 출판 전에 찍은 찰스 다윈(1854년경)

세기 초반 독일에서 그 정점을 이루어, 심각한 장애나 질병에 걸려 태어난 아이들을 안락사시키는 것을 시작으로 점차 집시나 유대인, 유색인종에 대한 광기에 가까운 테러를 자행하는 명분으로 이용되기도 했습니다.

다윈 자신은 절대 말하지도, 바라지도 않은 일들이 동시대나 후대의 지식인이 오해하고 잘못 적용함으로써 커다란 사회악을 낳은 셈이지요. 실제로 다윈은 《종의 기원》에서도, 그리고 그 후에 쓴 《인간의 유래와 성 선택 The Descent of Man and Selection in Relation to Sex》에서도 '진화(evolution)'라는 단어를 직접 언급하지 않았습니다. 당시 진화는 '발전'이나 '진보', 즉 좀 더 나은 단계로 나아간다는 의미로 사용되고 있었기 때문에 만일 동일한 단어를 사용한다면, 과거보다 우수한, 훨씬 똑똑하거나 강한 종이 진화의 결과 살아남는다는 느낌을 주게 될 터였으니까요. 현재까지도 계속되는 이러한 오해는 아마도 《종의 기원》을 제대로 읽지 않았기에 발생하는 문제인 듯합니다.

다윈은 《종의 기원》에서 분명히 밝히고 있거든요. "살아남은 종(種)은 가장 강한 종도 가장 똑똑한 종도 아닌, 변화에 가장 잘 적응하는 종"이라고 말이지요. 역시 많은 오해를 불러일으키는 적자생존이라는 말도 다윈이 처음 쓴 게 아니라 당대의 철학자인 허버트 스펜서가 사용해 이미 알려진 말이었습니다. 뭐, 어쨌든 다윈의 진화론으로 인해 일반 대중의 사고 체계는 혁명적 변화를 겪게 되어 지구상에서 인간의 위치라는 것에 대해 다시 한번 생각해보게 되었으며, 그로써 인간을 그리고 여타 다른 종들에 대해 보다 더 이해할 수 있게 되었습니다.

상당히 조심스러운 태도로 일관했지만 다윈의 책들은 출간 이후 160여 년이 지난 지금까지도 많은 논쟁을 불러일으키고 있습니다. 그 대표적인 예가 바로 창조론 대 진화론 논쟁이지요. 2005년 미국 일부 지역 교육위원회에서 지적설계론을 중학교 필수 교과목으로 지정하면서 한바탕 난리가 났죠. '지적'과 '설계'라는 두 개의 단어로만 봐서는 마치 인공지능처럼 미래지향적이면서 다분히 과학적인 냄새를 풍기는 이 과목이 왜 법정에까지 갈 정도로 큰 논쟁을 불러일으킨 걸까요? 내신 성적을 받기 힘들 정도로 너무 어려워서 대학 가는 데 방해가 될까 봐 그런 걸까요? 사실은 바로 이 지적설계론이라는 것이 짜잔 하고 겉옷만 갈아입은 창조론이기 때문입니다. 미국의 보수 기독교 층에서는 학교에서 진화론을 가르치는 시간만큼 창조론도 가르쳐야 한다고 주장하고 있으며, 반대쪽에서는 과학이론이 아닌 종교 교리인 창조론, 즉 지적설계론을 학교 수업에 포함시켜서는 안 된다고 주장하고 있습니다.

가장 영향력 있는 적자생존의 표본

1859년 《종의 기원》이 세상에 나온 이래, 다윈의 진화론은 멘델의 유전학과 결합하면서 발전을 거듭하여 현대 생물학의 모든 분야에 기초를 제공했습니다. 또 심리학, 사회학 등의 인문학과 광고나 공학기술에 이르기까지 오늘날에는 진화론이 접목되지 않은 분야가 거의 없을 정도로 생활 깊숙이 침투해 있지요.

1999년 미국에서는 학자와 예술가를 대상으로 한 설문조사 결과를 바탕으로 지난 1000년 동안 인류에게 가장 큰 영향을 미친 인물 1000명을 묶은 《1000년, 1000인》이란 책을 출간했는데요, 다윈은 갈릴레이, 뉴턴과 함께 당당히 10위 안에 선정되었습니다. 2005년에는 최고의 권위를 자랑하는 과학학술지 《사이언스》에서 뽑은 '최고의 연구'로 진화론이 선정되기도 했어요. 이렇듯 학문은 물론 사회 전반에 다윈의 진화론이 끼친 영향이 가히 혁명적이라 평가되어 이를 가리켜 '다윈 혁명'이라 일컫기도 합니다.

2020년은 다윈 탄생 211년, 《종의 기원》 출간 161년이 되는 해입니다. 그동안 무수히 많은 과학자와 과학 이론이 혜성같이 나타났다 사라졌다는 사실을 생각하면 아직까지도 우리 삶에 깊이 영향력을 끼치고 있는 다윈이야말로 그가 말한 적자생존의 대표적인 예가 아닐까 합니다.

찰스 다윈 Charles Robert Darwin 1809~1882
영국의 자연생물학자 · 진화론자. 비글호를 타고 남반구를 탐사하여 수집한 화석과 생물을 연구하여 생물의 진화를 주장하고, 1858년에 자연선택에 의하여 새로운 종이 기원한다는 자연선택설을 발표하였다.

세상을 향해 자연의 변화를 역설하다

'불도그(bulldog)'라는 개 아시죠? 크고 네모난 머리에다 짧고 넓적한 코, 주름진 입, 다른 개들에 비해 못생긴 데다 성질도 사납기 그지없죠. 그러나 영국이 고향인 이 개는 주인에 대한 충성심만큼은 세상 그 어느 개도 따르지 못할 정도라 호신용으로 많이 기르고 있습니다. 과학자 중에 이 '불도그'라는 별명을 가진 사람이 있는데 바로 영국의 동물학자 토머스 헉슬리입니다.

1859년 다윈의 《종의 기원》이 출간되자 과학계뿐만 아니라 종교계, 일반인들 사이에서도 진화론 논쟁이 격렬하게 벌어졌습니다. 이때 헉슬리는 다윈의 열렬한 지지자로서 진화론에 반대하는 사람들에게 매우 전투적인 태도를 보였고, 그 때문에 '다윈의 불도그'라는 별명을 얻게 되었죠. 사실 다윈은 자신의 이론을 변호할 마음도 없었고, 논쟁에서 싸울 취향도 정력도 없었습니다. 15개월 동안 격앙된 상태에서 400쪽에 이르는 책을 쓰고 나자 원래도 건강이 좋지 않던 다윈은 거의 쓰러지기 일보 직전이어서 휴양을 떠나야만 했습니다. 이때 나타난 흑기사가 바로 헉슬리입니다. 그는 신문과 잡지에 다윈의 진화론을 옹호하는 글을 기고했을 뿐만 아니라 공개석상에서 서슴지 않고 논쟁을 벌이기도 했습니다.

예를 들어 1860년 옥스퍼드대학 자연사박물관에서 새뮤얼 월버포스 주교와 진화론 논쟁을 벌였습니다. 진화론을 반대하던 월버포스 주교가 헉슬리에게 조롱하는 내용의 질문을 던졌습니다.

"원숭이가 인간의 조상이라면 당신은 할머니 쪽이 원숭이인가, 할아버지 쪽이 원숭이인가?"

이에 헉슬리는 다음처럼 맞받아쳤습니다.

"나는 진실과 마주하기를 두려워하는 인간이 되기보다 차라리 두 원숭이의 자손이 되겠다."

헉슬리의 이러한 입심 좋은 대답에 군중이 어찌나 거칠게 들고 일어났던지, 어느 한 부인은 기절까지 했다고 합니다. 요즘 같으면 인터넷 실시간 검색 1위에 오를 정도의 파급력을 가진 사건이라고나 할까요? 각종 대중 잡지에서 앞다투어 이 사건을 널리 보도했다고 하니까요.

《종의 기원》이 출간된 후 다윈에게 보낸 편지를 보아도 헉슬리가

진화론 논쟁이 한창 벌어질 때 《배너티 페어》에 실린 월버포스 주교(왼쪽)와 헉슬리(오른쪽)의 캐리커처

과학자의 명언으로 배우는 교양과학

다윈을 옹호하는 데 얼마나 열심이었는지를 짐작할 수 있습니다.

> 당신의 벗들 중 몇몇은 전투 준비가 잘 되어 있어서(당신이 가끔 이런 점을 나무란 것은 당연한 일이기는 합니다만), 이들이 당신을 위해 큰 도움이 되어 드릴 겁니다.

후대에는 헉슬리가 다윈의 옹호자로 더 많이 알려졌지만, 헉슬리 자신도 진화에 대해 직접 연구한 바 있는 생물학자입니다. 1863년에는 인간도 진화의 산물임을 주장하는 내용을 담은 《자연에서의 인간의 위치*Evidence as to Man's Pace Nature*》를 출간하여 《종의 기원》에 버금가는 논란을 불러일으켰으니까요.

과학자의 진보

부유하고 명망 있는 가문의 자제로 구성된 당시 엘리트 사회의 기준으로 보면 토머스 헉슬리의 반항아적 태도는 눈엣가시였습니다. 런던 근처의 작은 마을에서 가난하고 내세울 것 없는 사립학교 교사의 막내아들로 태어난 그는, 자신의 힘으로 19세기 영국 과학계를 대표하는 인물이 됩니다. 집안 형편이 어려워 아버지가 근무하던 사립학교에서 2년간 배운 것이 어릴 적 받은 교육의 전부라고 하죠.

그 후로는 독학으로 과학과 역사, 철학, 언어 등을 공부했고, 2년간 공식 의학교육 과정을 이수한 후에는 해군에 입대합니다. 그리고 1846년 스물한 살의 나이로 남반구를 향해 떠나는 측량선인 군함 래틀스네이크호를 타죠. 군함에서 공식적인 지위는 해군의 말단 장교급인 보조 외과의였지만, 항해 기간에 그는 자신이 그토록 원했던 해양동물을 관찰하고 기록하는 일을 마음껏 할 수 있었습니다. 1848년에는 영국왕립학회에서 발간한 《철학회보》에 해파리를 해부하여 관찰한 결과를 〈해파리목의 해부와 유연관계〉라는 제목으로 싣기도 했죠.

1850년 런던으로 돌아와서는 찰스 다윈이나 찰스 라이엘, 허버트 스펜서 등 영국 과학계의 저명인사들과 교류하고, 여러 학회지와 잡지에 서평과 논문을 기고하며 과학계 내에서 위치를 차근차근 쌓아나갔죠. 특히 《웨스트민스터 리뷰》에 기고한 글은 큰 인기를 끌었습니다. 아이작 뉴턴이나 루이 파스퇴르 등 앞서 간 선배 과학자들의 업적과 사상에 자신의 생각을 곁들여 쓴 글이었는데요, 이러한 작업을 통해 헉슬리는 과학자의 정체성에 대해 깊이 생각하게 되었습니다.

19세기 중반에 접어들면서 영국 과학자 사회는 대전환기를 맞고 있었습니다. 당시에는 오늘날처럼 과학자가 전문 직업인으로 인정받지 못했기 때문에 경제적 수입을 기대할 수 없었습니다. 또 전문가로 이루어진 실험실이나 학과, 학위 등의 제도적인 기반 역시 몹시 취약해서 과학자로서의 경력을 쌓는다는 것 자체가 매우 어려웠습니다. 따라서 주로 경제적으로나 시간적으로 여유가 있는 상류사회 인사가 개인적인 취미 활동의 하나로 연구를 했죠. 그렇지 않으면, 즉 타고나기를 부유하지 않은 경우에는 종교계나 귀족의 후원을 받아야만 했습니다.

그러나 헉슬리는 전문 직업인으로서의 과학자라는 정체성을 확립하고자 했습니다. 그것은 본인의 생계를 위해서이기도 했지만, '과학'에 대한 본인의 가치관이기도 했습니다. 그러다 보니 범접할 수 없는 문화적 권위를 떨치던 종교계와 귀족 계급으로 구성된 엘리트 과학 집단 등 기득권층과 간단없는 투쟁을 벌여야만 했죠.

> 자연 지식에서 모든 위대한 진보는 기득권에 대한 절대적인 거부를 포함한다.

교양으로서의 과학 교육

과학자의 정체성을 확립하려면 우선 교육부터 변화해야 했습니다. 당시에는 과학을 상업이나 농업처럼 삶의 물질적 개선에 필요한 실용적이고 기술적인 분야로 보았기 때문에 지성과 품성을 쌓는 데 꼭 필요하지는 않고 심지어는 오히려 해가 될 수 있다는 생각이 지배적이었습니다. 따라서 학교에서는 라틴어, 그리스어 등 고전 교

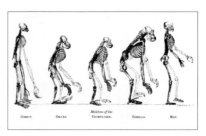

《자연에서의 인간의 위치》(1863)에서
다양한 유인원과 인간의 골격을 비교한 삽화

육에 치중하였고, 과학 교육은 약간의 수학 교육이 더해지는 정도 였죠. 또 전문 기술직 진출을 희망하는 학생들을 가르치는 기술학 교에서는 직업과 연관되는 '실용적인 기술' 자체만을 가르치고 있었 습니다.

헉슬리는 과학이 교양을 쌓는 데에도 도움이 되며, 특히나 실용 적인 기술은 과학적 원리를 이해해야만 제대로 지식을 습득할 수 있다고 생각하여 영국의 각종 학교와 대학의 일반 교육 과정에 '과 학'을 도입하려고 여러모로 애썼습니다.

1864년에 교육 문제에 관해 왕립위원회에 제출한 보고서를 보면, 헉슬리의 이러한 생각을 엿볼 수 있죠.

과학은 관찰력…… 정확하고 신속한 일반화 능력, 수단을 찾고 정리하 는 마음의 습관을 직접 자극하고 계발한다. 이를 통해 젊은이들은 원인 과 결과의 사슬을 추적하는 습관을 얻게 된다. ……그리고 아마도 암기 와 같은 단순히 기계적인 강요 덕분에 오그라들어 있는, 반쯤만 깨어 있 는 마음의 약점인 나태함을 바로잡는 가장 훌륭한 수단일 것이다.

헉슬리는 기존 교육 과정이 제한적인 내용만을 다루며, 그것도 기계적으로 암기하는 방식이어서 학생들이 창의성을 스스로 길러 내지 못한다고 생각했습니다. 그는 자신의 주장을 학교장과 왕립협 회, 정부 관리를 대상으로 강연을 하고 잡지에 기고를 하는 등 계속 펼쳐 나갔습니다. 1865년에는 중등교육에 관한 상원위원회의 증인으로 출석해 과학이 "지식을 습득하는 데 없어서는 안 될 수단"이라고 선언하기도 했죠.

종교의 권위에 도전

헉슬리가 과학의 위상을 드높이기 위해 필요한 다음 대상은 바로 종교였습니다. 오랜 시간 계속된 과학계와 종교계의 전쟁은 '진화론'이 등장하면서 훨씬 더 심각해졌습니다. 또 당시 많은 과학자가 신부나 목사 같은 종교계의 인사이거나 아니면 적어도 종교계의 후원을 받고 있었기 때문에 과학이 제대로 정체성을 확립하려면 종교의 굴레에서 벗어나는 게 급선무였습니다.

교회 사람들과의 투쟁이 중요하다는 점을 인정해주셔서 매우 반가웠습니다. 이 문제에 관해 우리 동료 중 많은 사람이 소극적인 태도를 보이고 있음에 놀랐습니다. 이들은 종교주의가 여러 방향에서 과학적인 사고방식에 위협이 되는 어려운 상황을 외면하고 있습니다. 과학적인 사고방식이란 과학적인 발견보다 더 중요한 사안이 아니겠습니까. 다음 세대는 우리 세대보다 종교적 권위에서 벗어나 무지한 미신적 속박의 끈에서

교양으로서 과학교육의 중요성을 역설한 헉슬리

벗어날 수 있으면 하고 바랄 따름입니다.

−1889년 동료 생물학자 조지프 후커에게 보낸 편지 중에서

헉슬리는 '불도그'라는 별명에 걸맞은, 적들에게는 투쟁적이고 주인에게는 매우 충성스러운 삶을 살다 갔습니다. 그 충성은 비단 다윈과 진화론을 향한 것만은 아니었습니다. 오히려 다윈과 진화론으로 대표되는 19세기 당시의 과학자 집단과 과학을 위해 충성을 다 바쳤다고 하는 게 맞겠네요. 말년에는 자연권*에 대한 논의에서 시작해 자본과 노동의 관계에 이르는 광범위한 주제를 논하여, 19세기를 대표하는 지성으로 인정받았습니다.

그 후로 헉슬리 가문은 영국 과학계와 지성계를 이야기할 때 빼놓을 수 없는 유명한 가문이 되었습니다. 처음부터 왠지 헉슬리라는 이름이 낯익지 않으셨나요? 네, 그렇습니다. 유토피아의 환상이 빚어낸 미래 사회의 비극을 그린 소설 《멋진 신세계*Brave New World*》를 쓴 올더스 헉슬리가 바로 토머스 헉슬리의 손자입니다.

헉슬리의 아들 레너드는 뛰어난 전기작가였으며, 첫째 손자 줄리언은 진화생물학자인 동시에 초대 유엔 사무총장을 역임하였고, 그리고 막내 앤드루 또한 신경생물학을 연구하여 1963년에 노벨 생리의학상을 받았으며 기사 작위를 받기도 했습니다. 그리고 둘째 손

---

* 법률 이전의 천부불가양(天賦不可讓)의 권리. 국가가 법률로도 이를 제한하거나 침해할 수 없다. 홉스의 자기보존권과 자연적 자유권, 로크의 재산권과 저항권, 루소의 평등권 사상 등 근대 자연법론과 국가계약설을 기반으로 형성되었다. 17~18세기 영국·미국·프랑스 시민혁명의 사상적 지도이념이 되었으며, 시민혁명의 성공으로 기본적 인권보장으로 성문화되고 확립되었다.

자 올더스는 20세기를 대표하는 작가이고요. 도전정신으로 똘똘 뭉친 토머스 헉슬리의 세상을 향한 태도와 목소리가 그의 자손에게도 그대로 전해진 것이었을까요?

토머스 헉슬리 Thomas Henry Huxley 1825~1895
영국의 생물학자·교육자. 다윈의 진화론이 발표되자마자 지지를 표명하고, 반대론자와 토론에 앞장섰다. 특히 다윈이 직접 언급하지 않은 인간에 대해서도 네안데르탈인의 화석 연구로 진화론을 주장했다.

생명의 기원을 유기물에서 찾다

화성 탐사가 진행되면서 비단 생물학자를 비롯한 과학자뿐만 아니라 많은 사람이 생명체의 존재 여부에 대해 관심이 많습니다. 디스커버리호 발사 이후 당시 생명체 존재를 둘러싸고 화성에 대한 관심이 전 세계의 이목을 사로잡고 있던 2005년, 워싱턴대학에서 지질학을 가르치는 로저 뷰익 교수가 《네이처》 신년호에 방귀를 예로 들면서 재미있는 주장을 했습니다.

난 화성에 정말 생명체가 있는지 없는지를 알고 싶다. 아마도 화성인의 존재 여부는 화성인이 뀐 방귀를 연구하면 알 수 있을 것이다.

인간을 비롯한 모든 생물체는 냄새 나는 방귀나 암모니아가 섞인 액체인 오줌을 배출합니다. 때로는 아름다운 꽃의 향기로 나올 수도 있습니다. 꽃향기도 물체의 배설물이라는 것은 많은 학자가 주장하는 이야기입니다.

이러한 배설물에 포함된 메탄과 암모니아는 살아 있는 생명을 나타내는 지표입니다. 다시 말해서 탄소, 수소, 질소는 생명체를 이루는 기본 원소라는 이야기입니다. 물론 여기에 호흡에 필요한 산소와 단백질의 주요 구성 성분인 황이 포함돼야 하겠지요?

뷰익 교수는 그래서 "만약 생명 활동에서 공통적으로 나타나는 충분한 양의 황화수소가 메탄가스(방귀)와 함께 있다면(그게 발견된다면) 지상에 생명체가 있어 그러한 가스를 배출하고 있다는 걸 확신할 수 있다."고 덧붙였습니다.

새로운 땅의 혁명

1936년에 간행된 《생명의 기원The Origin of Life on the Earth》에서 오파린은 생명체에 필요한 이러한 기본 원소들이 복잡한 변화와 진화를 겪다가 생명체가 우연히 나타날 수 있다는 주장을 폈습니다.

생명체와 무생명체 간에 기본적으로 차이점이란 없다. 물질의 변화과정에서 생명체를 이루는 요소와 생명체 발현이라는 복잡한 결합이 틀림없

1938년에 출간된 《생명의 기원》 영문판 표지

이 일어날 수 있었을 것이다.

　장소는 공룡시대를 넘어 아주 먼 옛날 원시지구. 이때의 원시대기를 구성하는 성분인 암모니아, 메탄, 수증기, 수소 등이 서로 반응하면서 유기물인 단백질이 만들어지고, 이 단백질로부터 생명체가 탄생했을 거란 주장입니다.

　원시지구는 메탄, 암모니아, 수소, 수증기를 포함한 환원성 대기였다. 이 이론에 따르면 생명을 탄생시킬 수 있는 물질이 원래 있었다.

　오파린이 우주의 다른 곳에서부터 지구로 생명체가 들어왔다는 '외계생명체 유입설'에 연구의 초점을 두었다고 지적하는 학자도 있습니다. 그러나 오파린의 주장은 자연상태에서 생명은 자연히 발생할 수 있다는 일종의 '자연발생설'이라고 할 수 있습니다.

오파린–홀데인 가설

그러면 유기물에서 생명체가 시작되었다는 오파린의 가설을 좀 더 자세히 살펴보겠습니다.

　모스크바에서 학창시절을 보낸 오파린은 모스크바국립대학에서 식물생리학을 전공하면서 다윈의 진화론에 큰 영향을 받습니다. 그리고 1922년 봄에 개최된 러시아 식물학회의 한 회의에서 그는 최초의 유기체가 이미 형성된 일단의 유기화합물에서 발생한다는 자신의 가설을 처음으로 발표합니다. 원시대기 상태에서는 산소가 적었기 때문에 암모니아, 메탄, 물과 같이 수소를 많이 함유한 물질에서 아미노산, 당, 뉴클레오티드의 고분자 물질이 생성되었다는 것이지요. 합성에 필요한 에너지는 방전에너지와 자외선을 흡수하면서 얻는다고 가정하였습니다.

고분자 유기물이 생성되면 유기분자가 농축되어 선구물질의 농도가 계속 증가함에 따라 중합반응이 일어나고 결국에는 단백질이 합성됩니다. 이것들이 비에 녹아 바다로 흘러 들어가 코아세르베이트가 되며, 이 코아세르베이트가 시간과 더불어 성숙하면서 생명체로 진화했다고 보는 거죠. 코아세르베이트는 작은 구체로서 일반적으로 이온과 pH를 알맞게 조절한 물에 어떤 고분자를 주입할 때 형성됩니다. 계속해서 주위 환경으로부터 물질을 선택해 받아들이기 때문에 크기가 증가하고, 결정적인 크기에 이르면 분열하여 그 수가 증가하기 때문에, 단세포생물과 비슷한 성질을 보여 생명체의 기본 단위로 쉽게 가정할 수 있었지요.

영국의 생물통계학자이자 생리학자인 홀데인도 이와 비슷한 주장을 하였기에, 이러한 가정을 '오파린-홀데인 가설'이라고 부릅니다.

생명의 기원에 관한 학설을 제창한 오파린

과학자의 명언으로 배우는 교양과학

이 가설은 후에 1953년 시카고대학의 해럴드 유리 교수와 대학원생 스탠리 밀러의 실험으로 실제로 증명되는 듯했습니다. 두 사람은 공기를 빼내고 대신 메탄, 암모니아, 수소, 물로 채운 막힌 유리 기구에 열을 가하고 번개 대신에 높은 전압의 전기 스파크를 통과하도록 가스를 순환시켜 글리신과 알라닌 등 단백질을 구성하는 가장 단순한 두 가지 아미노산을 얻었기 때문이지요. 하지만 거기가 끝이었습니다. 살아서 움직이는 생명체를 얻어내지는 못했거든요.

자연발생설의 업그레이드

아리스토텔레스는 자연발생을 믿었다. 토마스 아퀴나스와 같은 중세시대의 대단한 신학자들도 믿었다. 그리고 윌리엄 하비와 뉴턴도 자연발생을 믿었다. 그러나 자신의 눈에서 본 이론을 확인시키는 건 어려운 일이었다.

오파린의 《생명의 기원》이 나왔을 때 학자들은 별로 놀라지 않았습니다. 왜냐하면 오파린이 주장한 것처럼 무기물에서 유기물로 이어져, 그 유기물이 단백질이 되고, 다시 자연적인 화학반응을 거쳐 생명체가 될 수 있다는 주장은 고대 그리스 때부터 시작됐고 이미 많은 학자가 주장한 가설이기 때문입니다.

자연발생설에 대해서는 다양한 접근이 있었습니다. 17세기 이탈리아 의사인 레디는 자연발생이 옳지 않다는 걸 증명하기 위해 고기를 깨끗한 천으로 씌웠습니다. 파리가 알을 슬지 못하자 고기는 썩기는 했지만 구더기가 발생하지 않는다는 결론을 내려 자연발생을 부정했습니다. 그리고 1668년에 〈곤충에 관한 실험〉이라는 논문을 발표합니다. 하지만 자연발생설을 지지하는 실험도 계속 성공합니다.

18세기 말 스웨덴의 베르셀리우스는 '결정적인 힘(vital force)'이 있으면 무기물이 유기물로 될 수 있다고 했습니다. 또 19세기 초 독일 화학자 프리드리히 뵐러는 무기화합물인 암모늄사이아네이트를 가열해서 유기화합물인 요소를 만드는 데 성공합니다. 무기화합물로 유기화합물을 만들 수 있다는 사실을 보여준 거죠. 그러다가 세균학의 창시자 파스퇴르가 1860년대 백조목플라스크로 실험한 결과, 미생물이 들어오지 못하면 썩은 고기에서도 파리나 미생물이 저절로 생기지 않음을 증명하였고, 이후 자연발생설은 신뢰도에 의심을 받으며 거의 폐기된 상태가 됩니다.

이런 상황에서 오파린은 자연발생설에 근거한 자신의 가설을 증명하기 위해 대단히 과학적으로 접근했습니다. 자신의 가설이 가능하다는 수많은 전제를 현실적으로 정립해 매우 그럴듯한 이론을 구축

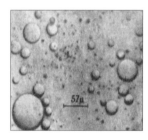

오파린이 생명의 출발이라고 생각한 코아세르베이트

과학자의 명언으로 배우는 교양과학

한 겁니다. 그 때문에 과학자들은 그러한 접근을 상당히 지지했어요. 또 후대에 기술이 더 발전해 밀러-유리 실험(Miller-Urey experiment)을 비롯한 많은 과학자의 직접 실험이 가능했습니다.

오파린의 가설을 철학적인 면에서 바라보든 또는 당장 증명할 수 없는 긴 자연의 역사진화론에서 바라보든, 아니면 터무니없는 이론이라고 주장하든 간에 받아들일지 말지는 우리의 선택이고 자유입니다. 중요한 것은 오파린을 적어도 대립이나 흑백의 관점에서 바라보는 것이 아니라 그 이론이 논리적으로 모순이 없는지를 먼저 보자는 겁니다. 왜냐하면 그것이 과학이라는 학문에 접근하는 올바른 자세이기 때문입니다.

생명이란 물질대사, 생식, 그리고 진화능력을 갖춘 유전적 개체라고 정의할 수 있다.

알렉산드르 오파린 Aleksandr Ivanovich Oparin 1894~1980
러시아의 생화학자. 1936년 《생명의 기원》을 발표하여 원시지구에서 형성된 탄화수소가 질소·산소와 반응하여 먼저 간단한 유기화합물을 만들고 그것이 여러 변화를 거쳐 원시생명체가 생겼다는 가설을 제창하였다.

수도사의 삶으로 유전 법칙을 발견하다

대부분 고등학생 때 책을 참 많이 읽습니다. 특히 한국 근현대 소설을요. 물론 국어 시험에 잘 나온다는 이유도 톡톡히 한몫을 합니다만, 나름 간결하고 사실적인 문체들이 왠지 모르게 마음을 잡아끄는 구석이 있는 것 같습니다. 〈발가락이 닮았다〉라는 소설을 기억하는지요? 〈감자〉, 〈배따라기〉 등 국어 교과서에 많은 작품이 실린 1920~30년대 소설가 김동인의 단편이지요.

내용을 간략히 요약하면, 생식 능력이 없는 한 친구가 자기 아내가 임신을 해서 애를 낳자 의사인 주인공에게 갓난아기를 데려와, 아기에 대한 부성(父性)을 보장받고자 하죠. 아내가 낳은 아이가 자신의 아이가 아니라는 사실을 뻔히 알면서도 일종의 자기 암시처럼 계속해서 발가락이 닮았다는 등 닮은 점을 찾으려 애쓰는 모습이 참으로 안쓰럽기도 했습니다.

신기하게도 자식은 부모를 꼭 빼닮습니다. 그래서 거꾸로 자식과 부모가 서로 닮지 않은 경우 '다리 밑에서 주워 왔나?' 하는 의혹을 품기도 합니다. 그게 바로 상세히 설명하라고 하면 고개를 갸우뚱거리게 되지만 어쨌든 누구나가 다 알고 있는 '유전의 법칙'이지요.

〈발가락이 닮았다〉를 읽을 무렵, '멘델의 유전 법칙'도 배웁니다. 자식은 부모를 닮는다는 유전 현상에 대해서는 이미 예전부터 알려져 있었습니다. 그러나 이러한 유전 현상이 어떠한 작용 기전으로 일어나게 되는지에 대해서는 의견이 분분했지요. 당시 가장 유력한 학설은 유전 물질이 액체처럼 서로 섞여서 전달이 된다는 혼합유전설입니다. 그러나 멘델은 수도원에 있는 완두를 관찰하던 중 혼합유전설로는 실제 유전 현상을 설명할 수 없다는 것을 발견하고 이를 부정합니다. 그리고 오늘날 우리가 과학 시간에 배우는 것과 같은, 입자에 가까운 물질에 의해 유전 현상이 일어난다는 입자유전 개념을 만들어냈지요.

나는 부모의 형질 사이의 중간 상태나 아니면 그들 중 어느 한쪽으로 접근해가는 이행의 상태를 관찰한 적이 한 번도 없습니다. 발생의 과정은 단순히 다음과 같습니다. 모든 세대에서 부모의 형질은 각각 분리되어서, 그리고 변하지 않은 형태로 나타납니다. 그리고 형질 하나가 다른 쪽에서

유전 법칙을 발견한 멘델

과학자의 명언으로 배우는 교양과학

유전되었거나 넘겨받았다는 것을 가리키는 표지는 전혀 없습니다.

−스위스 식물학자 네겔리에게 쓴 편지 중에서(1867)

멘델은 외부와 단절된 수도원에 파묻혀 홀로 연구를 진행하였기에, 자신이 관찰하고 생각하는 바를 편지로 다른 과학자들과 나누었습니다. 특히 뮌헨대학 식물학 교수인 네겔리와 서신 왕래를 자주 했죠.

유전 현상을 법칙으로 규명하다

그럼 기억을 되살려 멘델의 유전 법칙을 살펴보겠습니다.

> 멘델의 제1법칙(분리의 법칙)
>
> 배우자 형성 시 대립 유전자 쌍은 서로 분리되어 배우자의 유전적 조직을 구성한다.

여기서 배우자란 생식 세포를 말합니다. 즉, 배우자 형성이란 생식 세포를 만드는 감수분열을 뜻하지요. 제1법칙은 분리의 법칙이

1984년 바티칸에서 만든 멘델 사망 100주년 기념우표

라고도 하는데요. 감수분열 시 두 개의 생식 세포가 만들어질 때 원래 세포에 존재하던 한 쌍의 대립 유전자가 둘로 분리되어 각각 생식 세포로 들어간다는 이야기입니다. 그럼 대립 유전자는 무엇이냐? 이를 설명하려면 먼저 멘델이 완두콩을 처음 만지작거리던 시점으로 되돌아가 보는 것이 좋겠습니다.

멘델은 완두콩에서 육안으로도 쉽게 식별할 수 있는 일곱 가지 다른 형질을 관찰하였습니다. 이들은 각각 두 가지 변이를 가지고 있었는데, 예를 들어 씨의 모양은 둥근 것과 주름진 것, 씨의 색깔은 녹색과 노란색, 키는 키다리와 난쟁이 등이었습니다. 멘델은 하나의 특징만 서로 다른 두 종류의 순종 완두를 교배하였는데, 그 결과 당시 지배적이던 혼합유전설과는 달리 어떠한 변이도 서로 혼합되어 나타나지 않는다는 사실을 관찰하였습니다. 노란색 씨의 완두와 녹색 씨의 완두를 교배했을 때 자손은 중간색이 아니라 모두 노란색 씨가 나온 것이죠.

이렇게 자손 세대에서 나타나는 형질을 우성 형질, 자손 세대에서 나타나지 않는 형질을 열성 형질이라 불렀습니다. 이를 통해 멘델은 한 개체에서 어떤 형질은 두 개의 유전 인자에 의해 결정되며, 그 둘은 서로 대립되는 변이체로 존재한다고 생각하게 되었습니다. 후대에 이르러 멘델이 유전 인자라 부른 것은 유전자로, 변이체라 부른 것은 대립 유전자로 그 이름을 바꾸어 부르게 됩니다.

말로 표현하면 이렇게 길고 복잡한 유전 현상을 멘델은 간단하게 도식화해서 표현하였습니다. 순종 교배하는 부모 세대의 완두를 P,

1세대 자손을 F1, 2세대 자손을 F2라고 하고, 순종 우성 형질 개체를 RR, 순종 열성 형질 개체를 rr이라 합니다. 1세대 자손을 자가수분하여 얻은 2세대 자손은 유전자형 비가 1:2:1, 표현형 비가 3:1로 나타납니다.

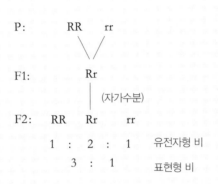

멘델의 제2법칙(독립유전의 법칙)

배우자 형성 시 한 쌍의 대립 유전자는 다른 쌍의 대립 유전자와 독립적으로 분리된다.

멘델의 제2법칙은 독립의 법칙이라고도 부르는데, 한 형질에 영향을 주는 한 쌍의 대립 유전자는 다른 형질에 영향을 주는 대립 유전자와 동시에 독립적으로 유전될 수 있다는 내용입니다. 예를 들어 씨의 색깔을 결정짓는 유전자와 형태를 결정짓는 유전자는 서로에게 아무런 영향을 주지 않고 각각 유전이 된다는 것이죠.

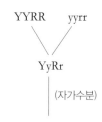

YYRR   yyrr

YyRr

(자가수분)

[유전인자]	YR	Yr	yR	yr
YR	YYRR	YYRr	YyRR	YyRr
Yr	YYRr	YYrr	YyRr	Yyrr
yR	YyRR	YyRr	yyRR	yyRr
yr	YyRr	Yyrr	yyRr	yyrr

[표현형]	노란색의 둥근	노란색의 주름진	녹색의 둥근	녹색의 주름진
개체개수	315	101	108	32
개체비율	9 :	3 :	3 :	1

노란색(Y)의 둥근(R) 종자를 맺는 순종과 녹색(y)의 주름진(r) 종자를 맺는 순종을 교배해 얻은 1세대 자손인 YyRr을 자가수분하면, 둥근 것 대 주름진 것이 423 대 133으로 약 3 대 1, 마찬가지로 노란색 대 녹색이 416 대 140으로 약 3 대 1이 나오니, 멘델의 제1법칙을 따르면서 두 특성을 결정짓는 대립 유전자가 서로 독립적으로 유전된다는 것을 보여주죠.

멘델의 유전 법칙은 그전까지 명확하게 규명하지 못한 유전 현상을 최초로 구체화해, 이후 현대 생물학의 기초를 마련하는 중요한 역할을 하였습니다. 그러나 사후 30년이 다 되도록 세상에 널리 알려지지 못한 비운의 법칙이기도 하죠.

과학자의 명언으로 배우는 교양과학

그것은 아마도 그가 수도원에서 은둔자적 삶을 살았기 때문이 아닐까 싶은데요. 그럼 어떻게 해서 조그마한 시골 수도원의 수도사가 완두를 가지고 유전 법칙을 연구할 생각을 하게 되었을까요?

무엇으로 실험할 것인가

멘델은 1822년 7월 22일 오스트리아에서 농사꾼의 둘째 아들로 태어났습니다. 가정형편이 넉넉지 못하여 고학으로 올뮈츠의 단기대학을 졸업하고 브륀(현재 체코의 브르노)의 성토마스수도원으로 추천을 받아 수도사의 길을 걷게 됩니다. 수도원은 멘델에게 천국이나 다름없었죠. 수도원의 도서관은 물리학, 수학, 식물학 등 각종 과학 서적으로 가득했으며, 정원은 각종 식물과 곤충, 새, 동물로 사시사철 북적였으니까요.

1851년 멘델은 빈대학에 입학하여 물리학과 화학, 수학, 식물학 등 자연과학을 공부한 후 1854년에 다시 성토마스수도원으로 돌아와 수도 생활을 하며 완두의 잡종 교배연구를 10년간 이어갑니다. 멘델은 완두에 여러 품종이 있으며, 수분을 하기가 쉽다는 점에 주목하였습니다. 그 결과 34종의 완두를 2년간 재배한 후 형질이 안정된 22종류의 완두를 골라내게 되죠.

1862년경 성토마스수도원 동료들과
함께한 멘델(뒤에 서 있는 오른쪽 두 번째)

연구 재료로 완두를 선택한 것은 멘델의 유전 법칙 발견에서 매우 중요한 역할을 하였습니다. 이전에도 여러 과학자가 다른 생물을 이용해 유전 현상을 연구하였지만, 이처럼 정밀한 과정을 거치지 않았기 때문에 법칙을 찾는 데에는 모두 실패했지요.

실험의 가치와 효용성은 소재가 목적에 부합했는지 여부에 따라 결정된다. 그래서 이러한 경우 어떤 식물을 실험에 사용했으며, 어떠한 방법으로 실험을 진행했는가 하는 것은 그저 넘겨버릴 일이 아니다.

과학 연구에서 실험 재료로 무엇을 선택할 것이냐, 어떤 방법으로 진행할 것이냐는 연구의 성패를 결정짓는 매우 중요한 요소입니다. 멘델은 이를 잘 알았고, 그래서 다른 과학자들이 아무리 애써도 불가능했던 유전 법칙의 발견을 10년이라는 짧다면 짧은 기간 동안에 할 수 있었습니다. 물론 완두가 지천에 널린 수도원에서 수도 생활을 했다는 점에서 로또, 아니 '신의 은총'이 내렸다고 생각할 수도 있습니다.

멘델은 자신의 연구 결과를 1866년 2월 〈식물의 잡종 교배에 관한 실험〉이라는 제목으로 학술지에 발표하지만 학계의 반응은 냉담했습니다. 그리고 30년의 세월이 흘러 네덜란드의 더프리스, 독일의 코렌스, 오스트리아의 체르마크라는 세 후배 과학자에게 발견되기까지 이 논문은 도서관에 사장되어 빛조차 보지 못했죠.

멘델은 유전과 진화 분야에서 획기적인 발견을 함으로써 유전학을 창시하였습니다. 또 생물학을 객관적인 과학으로 확립하는 데 큰 기여를 하였습니다. 19세기까지 생물학은 그저 관찰하고 정리나 하는 박물학에 지나지 않았습니다. 물리학이 갈릴레이에 의해 객관적인 과학으로 이미 자리를 잡았고, 화학이 아보가드로에 의해 연금술에 종지부를 찍으며 뿌리를 내린 것에 비하면 많이 뒤처진 셈이었지요. 그러나 멘델의 수학적 분석법으로 생물학은 보다 객관적인 과학으로 자리 잡을 수 있게 되었습니다.

멘델의 실험은 치밀하고 정확했으며 논리가 명쾌해 생물학 역사상 가장 훌륭한 업적으로 꼽을 정도입니다. 눈을 감는 그날까지 비록 중요성을 인정받지 못했지만, 언젠가는 사람들이 깨닫고 그에 합당한 대가를 치를 것이라는 사실을 멘델은 이미 알고 있었습니다. 세상을 떠나는 마지막 순간에 내뱉은 그의 말 한마디가 그의 열정과 긍지를 느낄 수 있게 합니다.

나는 나의 과학적 업적에 대단히 만족한다. 그리고 오래지 않아 전 세계가 나의 업적을 인정할 것이라고 확신한다.

그레고어 멘델 Gregor Johann Mendel 1822~1884
오스트리아의 생물학자 · 수도사. 1856년부터 수도원 정원에서 다양한 완두콩을 재배하며 실험을 통해 유전이 일정한 법칙에 따른다는 것을 발견하고 〈식물의 잡종 교배에 관한 실험〉을 발표하여 유전학의 수학적 토대를 마련하였다.

파스퇴르Louis Pasteur

과학과 조국과 인류를 사랑한 생명과학자

'파스퇴르' 하면 요구르트, 우유 그리고 황금빛 변을 먼저 떠올리는 사람이 많습니다. 물론 지난 2005년 황우석 박사가 "과학에는 국경이 없지만 과학자에게는 조국이 있다."는 파스퇴르의 말을 인용하고부터는 전 세계 과학자의 모범이 되는 영광스러운 자리에도 올랐다가, 줄기세포 파문이 터지면서 불명예스럽게 다시 땅으로 내려오는 수모를 겪기도 했지요.

과학은 국경을 모른다. 왜냐하면 (과학) 지식은 인간성에 속해 있기 때문이다. 그리고 세상을 밝히는 횃불이다. 과학은 각 나라를 인격화하는

생명과학의 아버지 파스퇴르

가장 좋은 방법이다.

—르네 뒤보, 《과학 용병, 루이 파스퇴르》(1960)

저온살균법과 백신의 개발

파스퇴르는 1822년 12월 프랑스 동부의 작은 마을에서 태어나 1895년 9월 사망하기까지 현대 생명과학의 기반이 되는 무수한 연구 업적들을 내놓았습니다. 어린 시절에는 그림 그리는 것을 좋아해서 자화상은 물론 부모님과 친구, 마을 이웃의 초상화를 그리며 한때 직업 화가가 되려고 생각하기도 했다네요. 재미난 것은 이렇게 인물을 자세히 관찰하고 묘사하는 과정을 수도 없이 반복하면서 과학자의 매우 중요한 자질인 관찰력과 집중력을 터득하게 되었다고 합니다.

파스퇴르는 파리고등사범학교에서 당시 인기 있는 분야이던 결정학 연구로 과학의 세계에 입문한 후 릴대학으로 자리를 옮겨 알코올 발효를 연구하면서부터 본격적으로 미생물학의 기초를 다지기 시작합니다.

응용과학이란 건 없다. 과학을 응용했을 뿐이다.

—《사이언티픽 리뷰》(1871)

릴에 오기 전까지 파스퇴르는 순수하게 이론만을 파고드는 과학자였습니다. 그러나 릴에 와서는 대학에서 연구하고 가르치는 것뿐만 아니라 과학의 산업적 이익에도 관심을 가져야 함을 깨달았죠. 오늘날에도 그러하듯 당시에도 순수과학에 임하는 마음 자세와 응용과학에 임하는 마음 자세는 확연히 다르고 서로 모순된다고 믿는 사람이 많았지만, 파스퇴르의 생각은 달랐습니다. 순수과학과 응용과학이 별개로 존재하는 것이 아니라 두 가지 과학의 형태가 끊임없이 상호작용을 하며 발전하기 때문에 서로 완전히 무관해서는 둘 중 어느 것도 발전할 수 없다는 사실을 깨달았기 때문입니다.

실제 파스퇴르는 젖산과 알코올 발효에 관한 연구로 미생물학의 과학적 기초를 닦았으며 거기에서 더 나아가 산업적으로 이용할 수 있는 실제적인 방안, 즉 저온살균법을 개발하기에 이르지요. 파스퇴르의 저온살균법은 파스퇴르의 이름을 따 'Pasteurization'이라고 불리며 포도주, 맥주, 우유, 식초 등 셀 수 없이 많은 식음료를 부패하지 않고 장기간 보관할 수 있는 신기술이었습니다. 또 발효 연구를 통해 미생물이 질병의 원인이라고 생각해 누에병과 탄저병, 광견병 등에 대한 임상 연구로 치료법과 예방법을 개발합니다.

조제프 마이스터라는 소년에게
광견병 백신을 주사하는 장면(1885)

파스퇴르는 자신이 고안해서 예방법에 사용한 '약화된 균'을 백신 (vaccine)이라 명명하고 백신을 사용해 질병을 예방하는 방법을 예방접종이라고 불렀습니다. 백신이라는 말은 라틴어로 암소를 의미하는 vacca에서 유래했는데요, 에드워드 제너가 천연두 예방법을 고안할 때 천연두균을 직접 주입하는 대신에 병원성이 약한 우두에 걸린 암소를 이용한 우두법을 만들어낸 것을 기리고자 파스퇴르가 붙인 이름이죠.

파스퇴르는 사람들에게 백신의 효과를 입증하려고 실험실에서 벗어나 직접 사람들을 찾아 나섰으며, 수많은 사람의 목숨을 구했습니다. 당시 거의 100퍼센트에 가까웠던 광견병의 치사율을 1퍼센트 이하로 낮추어 유럽을 광견병의 공포에서 해방시켰다고 하니, 파스퇴르는 사람들에게 구세주나 다름없는 존재였겠죠?

자연발생설을 부정하다

1857년 파리고등사범학교로 다시 돌아온 파스퇴르는 그 유명한 백조목플라스크 실험*으로 자연발생설을 반박합니다.

현미경적 생명체가 배아도 없이, 그들 자신과 유사한 모체 없이 세계 속으로 들어올 수 있음을 보여주는 환경은 알려져 있지 않습니다. 그것을

---

* 유리플라스크에 설탕 효모액을 넣고 플라스크의 목을 가열해 백조 목처럼 S자 모양으로 늘린다. 플라스크를 다시 가열해 멸균시키면 백조 목 부분에 물이 고여 공기 외에는 통과할 수 없게 된다. 이를 며칠 놔두더라도 미생물이 생기지 않지만 곧은 목에 고여 있는 물에서는 얼마 지나지 않아 미생물이 자란다. 이 실험을 통해 공기 속에는 없지만 먼지 속에는 있을 수 있는 미생물만이 다른 생물의 발생을 일으킨다는 것을 증명했다.

단정하는 사람들은 환상에 사로잡혀, 잘못 시행한 실험에 의해, 그들이 인지할 수 없었거나 혹은 어떻게 피하는지를 몰랐던 오류에 속은 결과 입니다.

아리스토텔레스가 주창한 이후 19세기 중반까지, 생명체가 저절로 생겨난다는 '자연발생설'은 생명의 기원에 관한 모든 논쟁에서 우위를 점하고 있었습니다. 1860년대가 되면서 자연발생설 논란이 또다시 불거지는데요, 그때 짜잔 하고 나타나 자연발생설을 부정하며 생명과학 연구에 새 장을 연 인물이 파스퇴르이지요. 후대에 와서는 '이 실험이 조작되었다', '파스퇴르가 자신의 가설에 위배되는 실험 결과는 폐기했다'는 주장이 나오기도 했습니다. 사실이라면, 과학자로서 해서는 안 될 일을 한 셈이 되는데요, 일단은 인류의 건강한 삶에 이바지했으니 스리슬쩍 눈을 감아줄까요?

사실 파스퇴르는 월급으로 실험 장비를 사고, 새벽에 일어나 밤늦도록 연구에 매진할 정도로 말 그대로 '과학을 위해 산' 진정한 과학자였습니다. 친구에게 쓴 편지에서도 과학을 향한 그의 열정을 생생히 느낄 수 있습니다.

손주들과 함께한 파스퇴르

나는 지금 비밀의 가장자리에 서 있으며, 그것을 덮은 베일이 점점 더 얇아지고 있음을 느끼네. 이런 내게 밤은 너무나도 길군.

국경 없는 과학을 실천하다

파스퇴르는 조국에 대한 사랑이 열렬했습니다. 프로이센과의 전쟁이 터지며 프랑스에서 연구 여건이 어려워짐과 동시에 이탈리아 피사대학으로부터 경제적 안정을 보장하는 화학 교수 자리를 제안받지만 그는 프랑스를 떠나지 않았습니다. 과학기술력이 곧 국력이라고 믿은 파스퇴르는 프로이센에 패한 요인은 프로이센이 과학 연구에 재정 지원을 아끼지 않는 데 비해 프랑스는 열악한 실험실 환경 때문에 젊은 과학자들이 연구에 힘을 쏟지 못하기 때문이라고 큰소리로 외치기도 했지요.

파스퇴르는 과학의 중요성을 설파하고 열악한 환경을 개선해 달라고 요구하며 나폴레옹 3세에게 직접 편지를 쓰기도 했습니다.

프랑스 파리 자크 샤방 델마 광장에 있는 파스퇴르 기념조형물

과학자의 명언으로 배우는 교양과학

앞으로 실험과학을 제대로 해나가려면 궁핍으로부터 벗어나야 합니다. 모든 것이 우리를 그리로 몰아가고 있습니다.

그러나 열렬한 조국애도, 과학은 이해관계를 넘어선다는 더 큰 가치에 눈을 멀게 하지는 못했습니다. 파스퇴르는 과학이란 모든 사람에게 똑같이 적용되고 보편적인 가치를 지닌 몇 안 되는 인간 활동 가운데 하나라는 사실을 잘 알고 몸소 실천하였습니다. 저온 살균법의 관련 특허를 출원한다면 그 순간 돈방석에 앉을 수 있다는 것을 알면서도 국적과 인종을 불문하고 이 기술을 사용할 수 있도록 모두에게 내놓은 사실만 보아도 알 수가 있죠. 만약 그가 기술을 독점해 우리가 돈 주고 사와야 했다면 지금의 현실은 어떨까요? 아마도 나라가 부유해지기 전까지는 생산지가 아닌 다른 먼 곳에 사는 사람들은 싱싱한 우유나 맥주를 맛보지도 못했거나 기술을 들여온 기업이 가격을 높이 매겨 부유한 사람만이 향유하는 고급문화가 되었을지도 모르죠.

관찰의 영역에서 기회는 준비된 사람을 좋아한다.

–릴대학 강의 중(1954)

분야를 막론하고, 준비된 자에게 기회가 찾아온다는 말은 맞는 것 같습니다. 처음부터 준비되어 있는 사람은 없습니다. 죽을 때까지 완벽하게 준비를 끝내는 사람도 없습니다. 항상 준비하는 사람만이 있을 뿐.

여러분은 파스퇴르의 삶에서 항상 준비하는 자의 모습을 발견하셨나요? 하나의 학문에 몰입하면서도 다음 학문을 염두에 두며, 학문의 기초에 몰입하면서도 다음 단계인 응용화 · 기술화를 염두에 두고 항상 준비하는 모습을요. 그런 마음 자세가 있었기에 애국도 인류애도 나올 수 있었던 것 아닐까요?

루이 파스퇴르 Louis Pasteur 1822~1895
프랑스의 화학자 · 세균학자. 우유와 포도주 등의 발효를 막은 저온살균법을 연구했으며, 광견병의 백신을 처음으로 개발하였다. 박테리아학의 선구자이기도 하다. 1895년 미생물학의 최고 영예로, 네덜란드의 생물학자 안톤 판 레이우엔훅을 기려 만든 레이우엔훅 메달을 수상하였다.

자연을 다루는 과학의 방법은 비자연적이다

두 개의 거대한 진영으로 편이 나뉘어 상대방을 이기려는 일념 하나로 온갖 수단과 방법을 동원하던 냉전 시대에 대한 기억이 거의 희미해질 즈음인 1990년대 중반, 세계는 또다시 하나의 전쟁 광풍에 휩싸이고 맙니다. 이 전쟁은 국적으로도 사상으로도 네 편과 내 편을 가를 수 없는, 심지어는 한 나라, 한 직장 안에서도 일어날 수 있는 것이었으니, 바로 과학전쟁이었습니다.

사건의 발단은 이렇습니다. 1996년, 미국 뉴욕대학에서 수리물리학자로 있던 앨런 소칼이라는 한 무명 과학자가 포스트모더니즘 계열의 논쟁적인 문화이론 학술지 《소셜 텍스트》에 〈경계선을 넘나들기: 양자 중력의 변형적인 현상학을 위해서〉라는 이해하기 어려운 제목의 논문을 기고합니다. 뿐만 아니라 각주만 100개가 넘고, 참고문헌이 200개가 넘게 달려 있으며, 내용이라고는 온통 다른 논문과 책에서 인용한 것들로 가득 찬 길디긴 논문이었죠. 그러나 문제는 난이도나 길이가 아니었습니다. 바로 이 논문이 날조, 즉 '사기(hoax)'

라는 데 있었습니다.

논문 발표 2주 후, 소칼은 한 잡지와 인터뷰하면서 이 논문이 완전히 말도 안 되는 내용들을 짜깁기한 엉터리임을 밝혔습니다. 왜? 왜, 그런 짓을 저질렀느냐? '과학이 보편적이고 객관적인 진리'라는 사실에 의문을 제기하며, 과학자들에게 공격을 일삼는 일부 과학사회학자와 인문학자들이 과학에 대해 얼마나 무지한지를, 과학의 '과' 자도 모르면서 감히 과학을 논하고 있다는 것을 일깨워주려고 이런 희대의 사기 사건을 벌였다고 말했습니다. 즉, 《소셜 텍스트》가 바로 소칼이 비판하려던 진영을 대표하는 학술지이기에, 자신의 사기 논문이 이 잡지에 실린다면, 그들의 무지를 까발릴 수 있을 거라 생각했던 것이죠.

소칼이 과학사회학자와 인문학자 진영에 '화염병'을 던져 삽시간에 전 세계로 '과학전쟁'이 번지도록 만든 것은 사실이지만, 이러한 균열의 조짐은 이미 오래전부터 있었습니다. 1959년 과학자이자 소설가인 스노가 《두 문화*Two Culture*》에서 예견했듯 점차 학문이 분화되고 전문화하면서 과학과 인문학, 두 진영의 간극은 더 이상 넘어설 수 없는 지경에 이르고 말았습니다. 과학의 반대 진영에 있는 사

과학의 본질을 알리기 위해 다양한 활동을 하는 월퍼트

람들은 제2차 세계대전 동안 국가나 이데올로기에 의해 과학기술의 발전이 좌지우지되는 일련의 사태를 떠올리며, 과학이 과연 절대적이고 보편적인 것인지에 대해 끊임없이 의구심을 갖기 시작했습니다. 과학도 결국 사람이 다루는 것이고, 사람은 사회 속에서 살아가는 동물이기 때문에, 과학적 자료나 법칙·이론 등이 모두 그것들을 다루는 인간의 주관적인 이해나 판단, 심지어는 믿음에 영향을 받을 것이라는 주장이 터져나왔죠.

본질은 비자연적 사고다

과학자들은 이러한 주장에 대해 오랜 세월 가타부타 대꾸도 없이 침묵을 지켰습니다. 워낙에 어디에 나서서 목소리를 높이기보다는, 실험실에 틀어박혀 자신의 연구에만 집중하는 걸 좋아해서 일 수도 있고, 반박할 가치조차 없는 일이라 여겼을 수도 있습니다. 하지만 어쨌든 이러한 침묵도 영국 런던대학에서 생의학 교수로 있던 한 과학자에 의해 깨지고 맙니다. 분연히 일어나 세상과 대중을 향해 처음으로 과학자의 입장에서 반론을 편 인물이 바로 루이스 월퍼트입니다.

> 자연적인 사고, 매일 매일의 상식적인 사고로는 결코 과학의 본질에 대한 이해에 도달할 수 없다. 극히 드문 예외는 있지만, 과학적 사고는 직관에 반(反)하며…… (게다가) 상식은 엄밀하고 양적인 사고가 필요한 문제에 직면했을 때 쉽게 실수를 범할 수 있다. 그리하여 이론을 매우 확신할 수 없는 것으로 내모는 것이다.

1992년 월퍼트는《과학의 비자연적 본질》이라는 책에서 과학이란 추상적인 개념을 사용하고 복잡한 실험 데이터를 해석하는 등 우리의 상식과는 정반대인 비사언적인 사고를 기반으로 하고 있다고 이야기합니다. 일상적인 사고로는 도저히 과학에 도달할 수 없다고 말이지요.

실제로 많은 과학자가 일반인은 범접할 수 없는 기이한 사고를 통해 새로운 사실을 발견하고 법칙, 이론 등을 세우기도 합니다. 물론 그것이 꼭 과학자란 태어날 때부터 천재성을 타고난 인물이라는 주장은 아닙니다. 그렇게 사고하도록 과학이라는 학문적 틀 안에서 학습과 훈련을 꾸준히 거친 때문일 수도 있지요. 태생적이건, 배운 것이건 간에 이러한 비자연적인 사고는 과학을 매우 특별하게 만들었습니다. 이는 지금까지 인류 역사와 함께해온 과학의 역사를 흘낏 들여다보기만 해도 알 수 있는 사실이지요.

> 다시 한번 말하지만, 이러한 관점에서 과학은 매우 특별하다. 과학의 역사는 발전의 역사이며, 우리의 이해를 증대시켜왔다. ……과학이 달성한 업적을 무시하고, 이론이 옳은지 그른지를 무시하고, 발전을 무시함으로써 사회학자들은 과학적 성취의 핵심을 간과했다. 과학은 세계를 묘사하고 이해하는 데 있어 이례적인 성공을 거두었다.

기술은 과학인가, 아닌가

하지만 과학의 발전은 '과학'이라는 단어에, 중세시대의 '신(神)'과도 같은 무소불위의 권력을 주었습니다. '과학' 내지는 '과학적'이라는 단어만 등장하면 게임 끝, 만사형통인 세상이 되어버렸지요. 인문학자와 과학사회학자들은 이를 매우 경계했고, 과학의 발전이 이득만 가져온 것이 아니라며, 제2차 세계대전 당신의 원자폭탄을 예로 들었습니다. 이에 대해 월퍼트는, 이는 과학과 기술을 동일시하여 벌어지는 오해라 반박했고요. 실제 눈부시게 성장한 온갖 기술이 인류에게 도움을 주었습니다. 그렇기 때문에 해악을 끼친 것도 과학이 아닌 기술인 것이지요. 월퍼트는 과학과 기술은 분명히 서로 다른 것인데 사람들이 과학과 기술을 동일시함으로써, 기술을 향해야 할 비난의 화살을 과학 쪽으로 잘못 돌리고 있다고 비판했지요.

기술은 과학이 아니다. ……고대 문화의 기술적 업적은 어마어마하다. 그러나 그 기술이 어떠한 과정을 포함했건, 그것은 과학에 기반을 둔 것이 아니었다. 기술에 포함된 과정에 대해, 그리고 작용하는 이유에 대해 이론화가 이루어졌다는 어떠한 근거도 없다.

과학을 비자연적인 특별한 지식이라고 주장한
월퍼트의 《과학의 비자연적 본질》 표지

월퍼트는 과학과 기술이 서로 같지 않다는 것을 증명하기 위해 인류의 기원까지 역사를 거슬러 올라갑니다. 고대인들의 투창이나 칼, 덫을 만드는 기술은 현재에도 존경해 마지않을 정도로 창의적이고 뛰어나지만, 그것은 말 그대로 기술일 뿐 과학은 아니라고 이야기하죠. 그리고 이러한 기술은 상황에 따른 반복적 경험만으로도 탄생할 수 있는 데 반해, 과학이란 물질과 과정, 원인 관계에 대한 유기적이고 보편적으로 적용 가능한 이론을 바탕으로 하고 있을 때만이 탄생할 수 있다고 주장합니다.

꼭 기원의 문제가 아니더라도, 과학과 기술을 동일한 것으로 여겨야 하느냐를 놓고 의견이 분분합니다. 그것은 곧 순수 학문이냐 아니냐를 따지는 것과 유사합니다. 지금도 '원자폭탄' 같은 예를 두고 이러한 논쟁이 계속되고 있지요. 아인슈타인이 원자폭탄이라는 기술을 염두에 두고 양자론을 고안한 것이 아니라는 주장은 과학과 기술을 분리함으로써, 원자폭탄이라는 기술에 쏟아져야 할 비난이 양자론에까지 닿아서는 안 된다고 말하고 있습니다.

그러나 반대쪽에서는 제2차 세계대전이라는 상황 속에서 독일이 실리적인 기술 개발에 도움이 될 순수과학 쪽에 막대한 지원을 아끼지 않았기 때문에 양자론이 탄생할 수 있었고, 결국 과학자 자신이 의도하든 의도하지 않았든 간에 애초부터 과학과 기술이 하나로 서로 묶여 있는 관계임을 암시하는 것이라고 주장합니다. 글쎄요, 여러분 생각은 어떠합니까?

세계를 이해하는 최선의 길

《과학의 비자연적 본질》에서 월퍼트가 주장한 내용은 아직까지도 많은 논쟁을 불러일으키고 있습니다. 하지만 과학의 본질이 '비자연적이냐 아니냐'의 여부를 떠나 주변인이 아닌, 과학을 직접 다루는 이로서 '과학의 본질'에 대해 진중하게 고민하고 의견을 내놓았다는 점에서 그는 매우 용기 있는 인물이었습니다. 과학에 대한 맹렬한 공격에 침묵으로 일관하던 다른 과학자들과는 달리 꿋꿋이 제 목소리를 내었으니까요. 지금까지도 월퍼트는 '과학'에 대한 대중의 이해를 높이기 위해 각종 언론에 기고하고, 인터뷰를 하는 등 활발한 활동을 펴고 있습니다. 지난 2005년 4월에 영국의 권위 있는 진보주의 일간지 《가디언》과 한 인터뷰도 그러한 활동의 연장선상에 있는 것이지요.

> 가디언 과학에 대해 우리가 알아야 할 것 중 가장 중요한 것은 무엇입니까?
> 월퍼트 나는 세상 사람들에게 과학은 세상을 이해할 수 있는 가장 좋은 방법이며, 관찰에는 오직 하나의 정확한 설명(진리)만이 존재한다고 가르칠 것입니다. 또 과학이 세계(자연)를 있는 그대로 설명하듯이 과학은 몰가치적이에요. 윤리 문제는 의학을 산업에 적용하는 것처럼 과학을 기술에 적용할 때 일어납니다.

과거보다 과학과 기술의 관계가 밀접해진 것은 사실인 듯합니다. 산업에 응용하지 못하는 과학은 정부나 기업의 재정 보조를 받지 못해 결국에는 사장되고 마는 것이 현재 우리 사회뿐 아니라 전 세계 과학계가 당면한 현실이니까요. 그래서 오늘날 과학을 다루는 이들에게 윤리가 갖는 의미는 더욱 큽니다. 중요한 것은 과학과 기술이 하나냐, 아니면 서로 별개냐가 아닙니다. 어쩌면 그 둘은 역사적 또는 사회적·문화적 상황에 따라 서로 매우 가까워졌다가 멀어졌다가를 반복하는지도 모릅니다.

정말로 중요한 것은 과학을 다루는 이든, 기술을 다루는 이든, 얼마나 올바른 가치관을 가지고 자신의 사심을 개입하지 않고 과학을 연구하려고 노력하느냐 하는 것입니다. 월퍼트가 말했듯, 태곳적부터 과학은 인류가 세상을 이해할 수 있는 가장 좋은 틀이었습니다. 앞으로도 그렇기 위해서는 과학이란 무엇인가에 대해 과학자뿐만 아니라 우리도 함께 고민해봐야 하지 않을까요?

루이스 월퍼트 Lewis Wolpert 1929~
영국의 생물학자·작가·과학 해설자. 1990년대 중반 과학자와 인문학자 사이에 벌어진 과학전쟁에서 과학계를 대표하여 의견을 개진하였다. 영국 왕립자연과학회 회원으로 상급훈사훈장(CBE)을 받았고, 과학기술대중화위원회의 의장직을 4년 동안 수행했다.

과학자의 명언으로 배우는 교양과학

우주의 근본, 원소의 미스터리를 풀다

우리가 살고 있는 우주, 수많은 천체와 생물이 존재하는 이 세상을 유지하는 원동력은 무엇이라고 생각하세요? 뉴턴 역학으로 시작된 근대 과학이 본격적으로 발달하며, 우주의 변화가 힘(force)의 작용 때문이라는 사실이 밝혀졌습니다. 다시 말해 중력, 전자기력, 약력, 강력 등 네 개의 힘에 의해 우주의 구성요소들은 생성과 소멸의 과정을 반복하게 됩니다.

이러한 힘의 영향을 받는 대상을 우리는 자연이라고 부릅니다. 그럼 자연은 무엇인가, 자연은 무엇으로 이루어져 있는가 하는 의문이 생기기 마련인데, 이에 대해서는 다양한 의견이 있습니다. 탈레스는 근본물질을 물이라고 보았으며, 피타고라스는 숫자라고 했고요, 데모크리토스는 원자라고 했습니다. 그리고 각종 실험과 관찰 결과 정확한 해답은 '원소'라는 것을 알게 되었죠. 원소 간 힘의 작용이 삼라만상의 변화라고 할 수 있습니다.

자연의 질서를 압축한 주기율표

19세기 말까지 수십 종의 원소가 발견되고 그 원소들의 성질이 밝혀지면서 화학자들은 그 원소를 이루는 여러 종류의 금속과 비금속, 기체 사이에 어떤 관련이 있을 것이라고 추정하였습니다. 그러나 원소의 주기성 문제는 여전히 수수께끼입니다. 독일의 되베라이너는 화학적 성질이 비슷한 원소들이 세 개씩 쌍을 지어 존재하는 것을 발견하고 세쌍원소라 이름 붙였고, 영국의 뉴랜즈는 원소들을 원자량 순서로 배열할 때 여덟 번째 원소마다 화학적 성질이 비슷한 원소가 나타난다는 옥타브 법칙을 발표하기도 했습니다. 그러나 대부분의 과학자는 이러한 가설을 쉽게 받아들이지 않았죠.

러시아 상트페테르부르크대학 공업화학과의 젊은 교수이던 멘델레예프는 이제껏 발견된 원소와 화합물의 정보를 잔뜩 모아 수소를 기준으로 원소의 질량을 비교하며 원소 사이의 규칙을 찾아보려고 했습니다. 부피, 응고점과 끓는점, 화합물의 성질을 대조해가며 데이터를 정리해가던 1869년 3월, 러시아 화학학회에서 멘델레예프는 〈원소의 성질과 그 원자량과의 관계〉라는 논문을 발표합니다. 바로 이 논문에 원소의 주기율표의 개념과 원소의 주기율에 대한 여덟 가지 법칙이 포함되어 있습니다. 그중 몇 가지를 살펴보겠습니다.

슬로바키아공과대학에 있는
멘델레예프의 주기율표 기념물

1. 원소들을 원자량에 따라 배열하면 성질이 분명한 주기성이 나타난다.

2. 화학적 성질이 비슷한 원소들은 비슷한 원자량을 갖거나(예: 백금, 이리듐, 오스뮴) 원자량이 일정하게 증가한다(예: 포타슘, 루비듐, 세슘).

3. 같은 족 내에서의 원자량에 따른 원소의 정렬은 이른바 결합가, 즉 독특한 화학적 성질과 일치한다. 이는 리튬, 베릴륨, 붕소, 탄소, 질소, 산소 그리고 플루오린에서도 명확하다.

원소 주기율표의 발표는 세계 화학사에 큰 획을 긋는 사건으로, 패기 넘치는 강의로 몸담고 있던 대학에서도 인기 강사였던 멘델레예프는 세계적인 과학자의 반열에 오르게 되고, 뒤처져 있던 러시아의 과학 명성도 함께 드높아졌습니다.

멘델레예프의 주기율표가 더욱 중요한 이유는 당시 존재하지도 않았던 원소들이 앞으로 발견될 것이라는 점을 예언한 데 있습니다. 멘델레예프가 만든 주기율표에는 63개의 원소가 있었습니다. 그중에는 아직 발견되지 않았지만 주기율의 법칙을 따르면 반드시 존재할 것 같은 원소를 위한 세 개의 빈칸도 있었습니다. 그리고 1875년 프랑스의 화학자 부아보드랑이 포타슘을 발견하고, 1879년에 스칸듐, 그리고 1886년에 저마늄이 차례로 발견됩니다. 세 원소의 원

멘델레예프 주기율표

자량과 화학적 성질은 멘델레예프가 예측한 그대로 멘델레예프가 '진정한 주기율표의 설립자'로 칭송받는 순간이었죠.

오늘날 우리가 사용하는 주기율표는 이후 영국의 화학자 모즐리가 개량한 것으로 멘델레예프가 만든 것보다 원소의 수도 훨씬 많고 원소별 X선 분석으로 원자번호를 정하는 등 부족한 점이 보완된 것입니다. 하지만 기본 틀은 멘델레예프가 제시한 내용과 동일합니다.

인간에게는 혈통이 있고 족보가 있습니다. 이른바 계표 또는 계통이라고 하는 거죠. 동물도 있고 식물도 있습니다. 멘델레예프는 금속, 비금속, 기체 등 원소들 간의 족보를 만든 겁니다. 원소들도 혈통이 있다는 이야기죠. 다시 말해서 원소들을 성질이 비슷한 친척과 혈족 그룹으로 나누어 도표로 만든 것이 원소주기율표입니다. 이것은 자연 법칙을 이해할 수 있는 단서를 제공합니다.

비록 일반적이라고 할 수 있지만 자연 법칙은 단번에 만들어지는 게 아니다. 자연의 법칙을 터득하려면 수많은 육감(六感, 시행착오)이 뒤따라야 한다. 더구나 법칙의 성립은 (형식을 취하는) 사고만으로도 되는 것도 아니고, 그렇다고 중요성을 인식했다고 해서 되는 것도 아니다.

원소의 상호관계를 밝힌 멘델레예프

그러면 무엇이 더 필요하다는 이야기인가요?

그러나 (법칙은) 실험 결과로 확인될 때 완성되는 것이다. 과학을 하는 사람은 모름지기 이러한 결과를 잘 알고, 그래서 (실험의 결과만이) 가설이나 견해가 올바르다는 걸 입증한다고 생각해야 한다.

과학자는 말이 아니라 실험이라는 정확한 결과를 갖고 이야기해야 합니다. 과학에는 말이 필요하지 않습니다. 가설, 그리고 그에 따른 수학적인 입증과 실험이라는 결과가 모든 걸 대변합니다.

질서는 어디에나

멘델레예프는 러시아 시베리아의 토볼스크에서 14남매 중 막내로 태어났습니다. 공장 노동자로 끼니를 잇는 불우한 환경 속에서도 멘델레예프의 어머니는 그의 수학과 물리학에 대한 재능을 키워주려 모스크바로, 다시 상트페테르부르크로 이사를 감행하며 학문의 길을 열어주었습니다.

그의 어머니는 변론(말장난)이 사람을 얼마나 속이는지 알았습니다. 그리고 폭력이 없는 과학과 사랑, 단호함이 모든 미신과 거짓과 잘못을 없애고 미래의 자유와 행복 그리고 내면의 기쁨을 준다는 것을 아들에게 일깨워주고 싶었던 모양입니다. 쓸데없는 망상을 하지 말고, 말이 아닌 연구에 의지하되, 인내를 갖고 과학적인 진실 연구에 매달리라는 어머니의 유언을 멘델레예프는 신성하게 간직

했다고 합니다. 그래서인지 멘델레예프는 수백 편의 논문 서두에 '나의 이 연구를 존경하는 어머니에게 바친다'는 문구를 한 번도 빠뜨린 적이 없습니다.

과학의 기능이란 자연에 존재하는 질서의 일반적인 영역을 발견하고, 이 질서를 이루는 이유(원인)가 무엇인지를 알아내는 일이다. 이것은 사회적이든 정치적이든 인간관계에도 똑같이 적용된다. 그래서 결국은 우주의 영역까지도 적용된다.

1907년 1월 20일, 73세의 멘델레예프는 평화롭게 안식처로 떠났습니다. 후세 화학자들은 멘델레예프를 기리기 위해 101번 원소 이름을 멘델레븀으로 정했고 기호는 Md입니다.

멘델레예프는 한 표차로 노벨상을 받지 못했습니다. 수상자의 연구는 주기율표 발견에 비견할 수 없는 미미한 업적이었으나 과학의 변방이던 러시아 과학자에게 주류 과학계는 냉정했습니다. 그러나 '인생은 짧고 과학 연구는 길다'는 철학을 가진 위대한 화학자에게 노벨상이 그렇게 큰 의미가 있을까요? 노벨상에 대한 욕심은 멘델레예프 어머니가 명심해서 경계하라고 한 하나의 헛된 욕심과 망상의 산물에 불과하지 않은지요?

드미트리 멘델레예프 Dmitri Ivanovich Mendeleev 1834~1907
러시아 화학자. 원소를 화학적 · 물리적 성질이 비슷한 것끼리 한 줄이 되도록 배열한 주기율표를 만들고, 당시에는 아직 발견하지 못했던 포타슘(K), 스칸듐(Sc) 등 원소의 존재와 성질을 예언하였다. 저서로는 《화학의 원리》가 있다.

DNA 이중나선 구조 발견의 숨은 공로자

20세기의 가장 위대한 과학적 업적이라면 제임스 왓슨과 프랜시스 크릭의 'DNA 이중나선 구조 발견'을 꼽을 수 있을 것입니다. 물론 컴퓨터의 발명이라든가 우주선의 발명 등을 꼽는 사람도 있을 것입니다. 그러나 그 모든 발명과 발견을 이루어낸 인간이라는 종을 포함한 지구상 모든 생명체의 신비에 한 발짝 다가가게 했다는 점에서 당연 'DNA 이중나선 구조 발견'이 1등을 먹게 될 것이라 생각합니다.

왓슨과 크릭은 이 연구 성과 하나로 일약 과학계의 스타가 되었으며, 그 후 노벨상까지 거머쥐게 되지요. 둘은 연구뿐 아니라 저술 활동도 활발히 했는데 그중 DNA 이중나선 구조를 발견하기까지의 여정을 상세하게 묘사한 왓슨의 《이중나선The Double Helix》은 출간 즉시 베스트셀러가 되었습니다. 그러나 이 책은 20세기 가장 위대한 과학적 업적을 다루고 있어서가 아닌, 그리고 베스트셀러라서가 아닌 또 다른 의미에서 매우 중요한 가치를 지닙니다. 그것은 바로

DNA의 구조 발견이라는 위대한 업적 아래 묻혀 있던 한 여성 과학자를 세상의 빛 속으로 다시 끌어내 재조명을 받도록 만들었기 때문입니다. 바로 서른일곱 살의 나이로 요절한 로잘린드 프랭클린입니다.

《이중나선》속에 프랭클린은 "DNA의 사진을 잘 찍었지만 해석을 할 줄 몰랐고, 옷차림이 촌스러우며, 소년의 모습을 한 여성"으로 묘사되어 있습니다.

프랭클린의 모습은 우직하게 보였지만 매력이 없는 것은 아니었다. 만약 옷에 조금만이라도 신경을 썼다면 꽤 멋있게 보였을 것이다. 그녀는 그렇게 하지 않았다. 그녀의 길고 까만 머리에 어울리는 립스틱을 바르지도 않았고, 서른한 살의 나이에도 그녀의 옷차림은 파란 스타킹을 신은 영국 청소년의 모습이었다.

그녀의 어머니는 충격을 받은 나머지, "그 애가 이런 식으로 기억되느니 차라리 잊히는 게 낫습니다." 하고 말했을 정도죠. 결국 DNA의 이중나선 구조 발견에서 프랭클린의 공헌도와 평소 그녀의

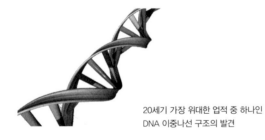

20세기 가장 위대한 업적 중 하나인
DNA 이중나선 구조의 발견

모습을 잘 알고 있던 사람들은 물론 페미니스트들까지 분개했으며, 그녀에 대한 재발굴 작업에 나서게 되었죠.

X선으로 원자 사진을 찍다

로잘린드 프랭클린은 1920년 영국 런던에서 부유하고 영향력 있는 유대인 가문에서 태어났습니다. 그녀의 아버지 엘리스 프랭클린은 대학에서 전자기학을 가르쳤으며 나치를 피해 영국으로 온 유대인 난민의 정착을 돕기도 했습니다. 어릴 적부터 과학에 관심이 많던 프랭클린은 당시 런던에서 물리학과 화학을 가르치는 몇 안 되는 여학교 중 하나인 세인트폴여학교를 다닌 후 케임브리지의 트리니티 컬리지로 진학합니다. 그녀의 아버지는 여성이 고등교육을 받는 것에 그다지 호의적이지 않았으며, 그녀가 과학자가 아닌 사회사업가가 되기를 원했기 때문에 프랭클린은 어쩔 수 없이 자신의 힘으로 학비를 조달해야 했습니다.

그러나 아버지는 과학(혹은 적어도 과학에 대한 이야기)이 우리의 실제 생활과 동떨어진 것으로서 인간의 심성을 타락시키는 것으로 생각했습니다. 그래서 우리의 일상적인 존재와 분리돼야 하고 경계해야 한다고 지적하였습니다. 그러나 과학과 일상생활은 분리될 수도 없고 분리돼서도 안 됩니다. 과학은 저에게 삶에 대해 부분적으로나마 설명을 해줍니다. 적어도 과학은 사실과 경험 그리고 실험에 근거하고 있기 때문입니다.

신앙심이 깊었던 아버지에게 과학을 공부하는 딸은 근심거리였던 듯합니다. 프랭클린은 대학 시절 내내 아버지의 '과학에 대한 편견'을 없애기 위해, '과학이란 무엇인가' 하는 진실을 전달하려고 애썼습니다. 실제로 그녀에게 과학은 현실과 동떨어진 그 무엇이 아니라 늘 함께하는 일상 그 자체였으니까요.

당시 케임브리지대학은 여성에게 정식 학위를 주지 않았으나, 그러한 사회적 편견이 프랭클린의 과학에 대한 열정을 꺾지는 못했습니다. 프랭클린은 그 후 파리에서 X선 회절 기술을 연마한 후 다시 영국으로 돌아옵니다.

X선 회절 기술은 물질에 X선을 쏘았을 때 물질을 구성하는 원자의 종류와 배열상태에 따라 X선 회절의 강도와 진행 방향이 달라지는 것을 이용한 실험 방법으로, 물질의 미세 구조를 알아내는 데 매우 유용합니다. 오늘날까지도 고체 화학이나 생화학, 생물학 등에서 많이 사용되고 있죠. 이 실험 방법에 능숙했던 프랭클린은 1950년 6월, 킹스컬리지에서 모리스 윌킨스, 레이먼드 고슬링 등과 함께 DNA X선 회절 연구를 합니다.

DNA 이중나선 구조의 발견에 중요한 역할을 한 프랭클린

도둑맞은 DNA 사건

1952년까지 DNA와 관련해서 많은 과학적 사실이 밝혀져 있었습니다. DNA가 생명체를 만드는 데 필요한 주요 정보를 저장하고 있는 유전물질이라는 것도 이미 알려져 있는 사실이었죠. 다만 어떤 구조를 띠고 있는지, 어떻게 유전정보를 전달하는지 등은 여전히 신비의 베일 속에 가려져 있었습니다. 프랭클린은 DNA의 X선 회절 분석 결과 DNA가 건조한 상태에서는 짧고 굵으며(A형), 습도가 높으면 가늘고 긴(B형) 두 가지의 형태를 띤다는 사실을 발견했습니다. 연구실을 지휘하던 존 랜들은 프랭클린에게 A형을, 윌킨스에게 B형을 계속해서 연구하도록 업무를 분담했지요.

1951년 말 프랭클린의 연구실에서는 DNA의 B형이 나선(helix) 구조라는 사실은 거의 인지하고 있었지만, A형에 대해서는 확신을 하지 못하고 있었습니다. 그러던 중 1952년 12월, 생물리학회 관계자들에게 연구실의 주요 연구 결과를 소개할 목적으로 작성된 보고서가 크릭의 손에 들어갑니다. 결정적으로 1953년 1월, 윌킨스가 프랭클린의 허락도 없이 B형의 X선 회절 사진을 왓슨에게 보여주죠. 프랭클린이 찍은 바로 그 사진에서 왓슨과 크릭은 DNA의 이중나선 구조에 대한 아이디어를 떠올렸고 그해 4월, 《네이처》에 전 세계를 깜짝 놀라게 할 논문을 발표합니다.

문제는 논문의 어디에도 프랭클린의 사진에 대한 언급이 없었다는 것입니다. 왓슨과 크릭, 윌킨스가 1962년에 노벨상을 수상했을 때도 마찬가지입니다. DNA의 이중나선 구조의 발견에 프랭클린이 중요한 단초를 제공했는데도 그들은 입을 꼭 다물고 오롯이 자신들의 공으로만 돌렸던 것이지요.

안타까운 것은 1962년에 프랭클린은 이미 이 세상 사람이 아니었다는 사실입니다. 1958년 서른일곱 살이라는 젊은 나이에 암으로 이 세상을 떠나고 만 것이지요. 만일 살아 있었다면, 프랭클린은 그들과 함께 노벨상을 받을 수 있었을까요?

되찾은 진실, 재평가의 시작

1990년대 이후로 프랭클린의 업적을 재평가하려는 움직임이 활발해지기 시작했습니다. 무려 반세기가 넘게 걸렸지만, 여성학회나 과학사학회 등 여러 연구 단체의 노력으로 그녀의 연구 업적은 결국 제대로 된 평가를 받습니다. 또 그녀의 짧지만 열정적이던 서른일곱 해의 삶이 드라마와 책, 신문기사 등 각종 언론을 통해 대중에게 알려지기도 했습니다.

다음은 2002년 1월 20일 《옵서버》에 난 기사입니다.

인간 DNA의 미스터리를 푸는 데 기여하였으나 잊혀진 영웅이 되고 만 로잘린드 프랭클린! 과학에서의 성차별을 개혁하려는 정부의 노력으로 드디어 사후에 재조명되었다.

로잘린드 프랭클린은 유명한 페미니스트이자 남성 동료들에 의해 20세기의 가장 중요한 과학적 발견에서 결정적인 역할을 했는데도 인정받지 못한 헌신적인 과학자이다. DNA의 이중나선 구조를 밝혀 노벨상을 공동 수상한 세 명의 남성 과학자들은 엄청나게 성공하였지만, 그들의 연구는 프랭클린의 상세한 X선 자료에 기반한 것이다. 그런데도 그녀는 대중의 인식을 거의 얻지 못했고, 일찍 세상을 떠남으로써 후에 차지했어야 할 영광을 박탈당하고 말았다.

2003년에는 영국왕립학회가 '로잘린드 프랭클린상'을 제정하여 순수과학과 응용과학을 막론하고 과학 분야에서 눈에 띄게 기여한 인물에게 수여하고 있습니다. 입장에 따라 프랭클린을 바라보는 관점은 다를 수도 있습니다. 그녀의 업적을 깎아내리려는 사람도 있을 것이고, 반대로 지나치게 과대포장하려는 사람도 있을 것입니다. 그러나 20세기 중반 이후로 하루가 다르게 엄청난 발전을 보이고 있는 생명과학 분야인 분자생물학과 유전학이 'DNA 이중나선 구조'에서 시작되었고, 그렇기 때문에 DNA가 이중나선 구조를 띠고 있다는 사실을 밝히는 데 기여를 한 인물에 대해서는 정확하고 객관적인 평가가 있어야 한다는 것이죠.

로잘린드 프랭클린이 분자생물학의 개척자라는 데 이의를 달 사람은 없습니다. 그녀는 X선 회절 기술을 사용하여 담배모자이크바

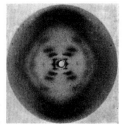

프랭클린이 처음으로 DNA의 X선 회절사진을 촬영했지만
가치를 알아본 사람은 왓슨과 크릭이었다.

이러스의 구조를 규명하기도 했지요. 밤낮을 가리지 않고 연구에 몰두하였으며, 자신의 연구 성과를 혼자 독식하지 않고 다른 이들과 공유하기를 서슴지 않았던 로잘린드 프랭클린. 과학을 대하는 그녀의 태도는 비단 생명과학뿐만 아니라 과학을 공부하는 이들에게 널리 알려져서 그들에게 귀감이 되어야 하지 않을까요?

로잘린드 프랭클린 Rosalind Elsie Franklin 1920~1958
영국의 생물물리학자. 담배 모자이크 바이러스와 폴리오 바이러스에 관한 선구적인 연구를 이끌었으며, 유전정보를 암호화하는 염색체의 구성성분인 DNA의 X선 회절 사진을 찍어 이중나선 구조를 밝히는 데 기여하였다.

생화학 물질의 결정구조를 밝혀내다

매일 아침마다 비타민제를 하나씩 복용합니다. 몸에 좋다는 비타민이 A부터 Z까지 다 들어 있다고 하니 그저 믿으며 먹을 뿐입니다만, 궁금증이 하나 생깁니다. 비타민은 소량으로 신체의 기능을 조절하는 영양소입니다. 비록 에너지를 내지는 못하지만, 필요한 비타민이 부족하면 몸의 균형이 깨질 수도 있죠. 호르몬도 비슷한 역할을 합니다만, 호르몬이 사람의 몸 안에서 합성되는 것과는 달리 비타민은 외부로부터 반드시 섭취해야 합니다. 이러한 비타민은 학교에서 배우듯이 채소와 과일 등 식물에 주로 들어 있습니다.

그렇다면 비타민제는 어떻게 만들었을까요? 채소나 과일에 들어 있는 비타민을 추출한 걸까요? 아니면 화학적으로 합성한 걸까요? 인공 합성을 하려면, 비타민의 종류별로 구조를 다 알고 있어야 한다는 이야기인데요. 현재 비타민의 구조가 대부분 밝혀졌다고 하니, 그런 일을 한 과학자들에게 존경심이 절로 듭니다. 가장 복잡한 비단백질 화합물이라는 비타민 B_{12}의 구조를 알아낸 도러시 호지킨에게는 더 하고요.

인류의 비타민이 되다

호지킨은 1910년 이집트의 카이로에서 태어났습니다. 어머니는 어린 호지킨을 영국의 친척집에 1년에 몇 개월씩 맡기며 영국의 교육을 받게 하다가, 결국에는 모든 가족이 영국으로 와 정착합니다. 이 때부터 과학에 대한 재능을 보이던 그녀는 옥스퍼드의 서머빌컬리지로 진학하였고 여기에서 복잡한 거대분자의 X선 연구를 하게 됩니다. 그 후 1932~34년에는 케임브리지대학에서 동료들과 함께 단백질인 펩신에 관한 최초의 X선 회절사진을 얻어냅니다.

옥스퍼드대학으로 돌아와 교수가 된 호지킨은 페니실린의 구조 분석에 관해 연구하고 동료들과 함께 비타민 B_{12}의 X선 사진을 찍는 데 최초로 성공합니다. 이로 인해 1948년 마침내 비타민 B_{12}의 원자 배열을 완전히 규명하는 데 성공합니다. 이 업적으로 노벨상을 받은 거죠.

비타민 B_{12}의 화학구조

지금은 전자현미경으로 단백질 분자구조를 직접 관찰할 수 있습니다. 그러나 전에는 단백질 구조나 형태를 알려면 X선 회절사진이 중요했습니다. 왓슨과 크릭이 DNA의 이중나선 구조를 발견하는 데 결정적인 역할을 한 방법이 X선 회절법입니다. X선을 쪼이면 원자들의 산란과 반사 모습이 필름에 나타나는데, 이걸 해석하면 분자의 구조를 알 수 있습니다.

어떤 물질의 구조를 밝히는 연구를 결정학(crystallography)이라고 합니다. 말뜻 그대로 물질을 이루는 결정(crystal)의 기하학적 특징이나 내부 구조, 그에 따라 나타나는 성질에 관한 연구를 의미합니다. 오랫동안 광물학의 한 분과로 연구되었으나 물리학, 화학, 생물학 등에서도 광범위하게 쓰이고 있습니다.

호지킨은 그의 업적에 비해 다소 늦게 노벨상을 받았는지 모릅니다. 그녀의 학문적 동지이자 호지킨보다 2년 일찍 노벨 화학상을 받은 맥스 퍼루츠는 "도러시에 앞서 내가 노벨상을 받았을 때 상당히 당혹했다. 도러시의 위대한 발견에는 대단한 기술과 화학연구에 대한 통찰력이 있고, 또 나보다 앞서 이루어진 것들이다." 하고 말했습니다. 이 말 속에서 호지킨이 동료들로부터 얼마나 존경을 받았는지 알 수 있습니다.

단백질 결정학을 개척한 호지킨

겸손하고 소녀 같은 그녀

이 정도 되면 뻐길 법도 합니다만 호지킨은 능력에 비해 매우 겸손하고 소녀 같은 성격의 소유자였습니다.

> 저는 야망이 없습니다. 저는 이 특정한 분야에서 일하는 것 자체를 좋아했을 뿐입니다. 저는 실험에만 매달린 실험주의자입니다. 저는 손으로 생각하는 사람입니다. 그걸 어린애처럼 좋아했습니다. 저는 위대한 발견을 하리라고 상상해본 적이 없습니다.

노벨상을 받은 직후인 1964년 겨울, 당시 영국의 유명한 분자생물학자 루이스 월퍼트가 진행하는 BBC방송의 인터뷰 내용 중 일부입니다. 계속해서 성공을 거두게 된 이유를 묻는 월퍼트에게 호지킨은 아주 겸손하게 대답합니다.

> (남들보다) 일찍 시작했을 뿐이죠. 그런데 (저처럼) X선 결정학 연구(회절 연구)를 일찍 시작한 사람에게는 황금이 사방에 널리 깔려 있었어요. 누가 그러한 발견을 마다하겠어요?

월퍼트는 성공하기까지 여성이라는 조건 때문에 남성과 경쟁하면서 큰 어려움이 없었냐고 묻습니다. 그러자 호지킨은 다시 순진하고 담담하게 응답합니다. 걸림돌이 아니라 오히려 더 좋았다고 말입니다.

아닙니다. 때로 정반대였지요. 아마 남자들 속에 묻혀 있었기 때문에 제가 여자라는 사실을 까맣게 잊고 지냈습니다. 저한테 오히려 이득이 될 때가 많았습니다. 남성 동료들은 저를 '길 잃고 헤매는 외로운 소녀'라고 생각해서 특히 더 친절하고 도움도 많이 주었죠.

사회자의 질문에 위트나 기지를 발휘한 게 아닙니다. 그저 단순하고 솔직하게 대답한 거죠. 순수하고 담백한 이야기가 방청객과 시청자의 웃음을 자아내게 만든 이 일화는 호지킨의 성품을 잘 설명해줍니다.

순도 높은 열정과 배려

1994년 도러시가 84세의 일기로 세상을 뜨자 퍼루츠는 《인디펜던트》에 기고한 글에서 과학 연구에 대한 그녀의 순수한 열정과 동료를 항상 배려했던 인간성을 높이 평가합니다.

그녀는 명예를 위해서가 아니라 바로 하고 싶은 분야이기 때문에 결정학 연구에 매달렸다. 그녀의 인간성에는 (남을 끄는) 매력이 숨어 있었

영국왕립학회 창립 350주년을 기념해 만든 호지킨 기념우표

다. 그녀에게는 적이 없었다. 그 과학적 이론이 옳지 않다고 그녀가 반박한 사람들도, 그리고 도러시의 정치적 의견과 다른 사람들도 그녀를 적대시하지 않았다. 그녀의 X선 카메라가 겉으로 보이는 그녀의 모습 이면에 진정한 아름다움이 있다는 걸 보여주는 것처럼 동료들에게 겸손하고도 따뜻한 마음으로 대했다.

과학자에게는 열정이 있고 고집이 있습니다. 자기만의 세계를 추구하는 집착이 있습니다. 상식적인 일상과 다른 생활을 하기도 합니다. 그러다 보면 사람들과 문제도 생기고 괴팍하다는 이야기도 듣게 됩니다. 그러나 호지킨은 그저 과학이 좋아 과학을 했습니다. 그래서 이론이 다른 사람이거나 정치적 견해를 달리하는 사람들도 호지킨을 좋게 생각하고 아껴주었다는 이야기죠.

우리나라가 애타게 바라는 노벨 과학상은 그 자체가 목적이 되어서도 안 되며 야망으로 삼아야 하는 목표물이 아닙니다. 순수한 열정으로 자신의 연구에 매달리고 최선을 다할 때, 그 과정에서 얻어지는 부산물입니다. 지금 이 시간에도 인류를 향한 애정으로 자연에서 새로움을 찾으려 애쓰고 있는 과학자들에게 기대를 걸어봅니다.

도러시 호지킨 Dorothy Mary Crowfoot Hodgkin 1910~1994
이집트 출신의 영국 생리학자 · 생물물리학자. X선을 이용하여 많은 생체물질의 구조를 연구하였다. 처음으로 단백질의 X선 회절사진을 촬영하였고, X선 회절법에 의한 생체물질의 분자구조 연구로 1964년 노벨 화학상을 받았다.

과학자의 명언으로 배우는 교양과학

인류 봉사에 헌신한 의학의 아버지

2006년 미국의 골든글로브상과 에미상을 휩쓴 드라마 〈그레이 아나토미Grey's Anatomy〉가 우리나라에서도 큰 인기를 얻으면서 다시 한번 메디컬 드라마의 붐이 일었죠. '그레이 아나토미'는 전 세계 의대생들이 보는 해부학 교과서 《그레이의 인체 해부학Gray's Anatomy of the Human Body》에서 따온 제목입니다. 영국의 해부학자이자 저자인 헨리 그레이(Henry Gray)의 성을 주인공의 이름 Grey로 살짝 바꾼 것이죠.

이 드라마는 대학 병원에서 고군분투하는 풋내기 수련의들의 일상을 통해 때로는 메스처럼 차갑고 냉정하지만, 때로는 피처럼 따뜻하고 인간미 넘치는 의사들의 모습을 보여줍니다. 점점 더 수익성이 보장되는 전문직이라서, 또 높은 지위와 명예가 보장된다는 이유로 의사가 되고자 하는 우리나라의 현실에서는 〈그레이 아나토미〉의 주인공들인 메레디스나 조지, 크리스티나 같은 의사는 말 그대로 드라마에나 나올 법한 인물일 뿐이라는 점이 안타깝습니다.

히포크라테스 선서

인생은 짧고 의술은 길다(Life is short, the art long).

의성(醫聖) 히포크라테스가 한 말입니다. 전국의 모든 의과대학에는
이 히포크라테스의 조각상이 세워져 있습니다. 그리고 그 밑에는 "나
의 생애를 인류봉사에 바칠 것을 엄숙히 서약하노라."로 시작하는 유
명한 '히포크라테스 선서'가 새겨져 있죠. 1년에도 수천 명의 의대생
이 본격적인 의사의 길에 접어들 때 '히포크라테스 선서'를 합창하지
만, 실제 선서에 담긴 의미를 제대로 이해하는 사람은 많지 않을 것
같습니다. 의술을 베푸는 사람으로서 가져야 할 윤리 덕목뿐 아니라
의학이란 무엇인가, 즉 의학의 본질과 정신에 관한 깊이 있는 통찰
또한 담고 있을 뿐만 아니라 의학의 이상과 원리가 촘촘하고도 아름
답게 수놓아져 있기에 2500년이라는 기나긴 세월을 뛰어넘은 오늘에
도 '히포크라테스 선서'를 만날 수 있는 것 아닐까요?

오늘날 '히포크라테스 선서(Hippocratic Oath)'로 알려진 문서의 원
래 이름은 그냥 '선서(Oathy)'입니다. 《히포크라테스 전집》에 들어 있었
기 때문에 '히포크라테스 선서'라고 부르지만, 어디에도 그의 이름은
등장하지 않습니다. 게다가 히포크라테스에 대한 기록이 거의 없어서
《히포크라테스 전집》조차 진짜 그가 쓴 것인지를 확인할 수 없어요.

역사적 자료에 따르면, 히포크라테스는 기원전 460년경 그리스의
지배를 받고 있던 코스라는 섬의 의사 가문에서 태어나, 그리스의 이

곳저곳에서 환자들을 돌보다 생을 마감했습니다. 당시에는 의사가 한곳에 정착해서 의료 활동을 하는 일이 드물었고 여러 도시를 돌아다니며 다양한 임상체험을 쌓았다고 합니다. 현대 의학을 상징하는 '아스클레피오스의 지팡이'를 아시는지요? 아스클레피오스는 의술의 신으로, 머리카락이 뱀으로 된 고르곤(gorgon)의 피로 환자를 치료했다고 하죠. 히포크라테스가 이 아스클레피오스의 직계 후손이라는 주장도 있습니다.

히포크라테스가 오늘날 '의학의 아버지'라 불리는 중요한 이유는 바로 그가 고향인 코스 섬에서 의학 교육을 펼쳤기 때문입니다. 그 전까지는 의사 가문에서 태어난 사람만이 의사가 될 수 있었는데, 히포크라테스 시대에 이르러 의학 교육의 문이 개방되었다고 합니다. 원하면 누구나 의사가 될 수 있게 되었으니, 의학의 혁명이 이루어졌다 해도 지나친 말은 아닐 겁니다. 바로 이 과정에서 '히포크라테스 선서'가 탄생했습니다. 외부 사람이 들어와 의학 공부를 시작하면서, 의사로서 가져야 할 직업윤리와 덕목을 마음속에 새기고 지킬 것을 다짐하는 입문 의식이었던 셈이지요.

현대의학을 상징하는 아스클레피오스의 지팡이. 아스클레피오스는 의술의 신으로 히포크라테스가 그의 후손이라는 설이 있다.

나의 생애를 인류봉사에 바칠 것을 엄숙히 선서하노라.

나의 은사에 대해 존경과 감사를 드리겠노라.

나의 양심과 위엄으로 의술을 베풀겠노라.

나의 환자의 건강과 생명을 첫째로 생각하겠노라.

나는 환자가 알려준 비밀을 지키겠노라.

나는 의료업의 고귀한 전통과 명예를 유지하겠노라.

나는 동업자를 형제처럼 지키겠노라.

나는 인종, 종교, 국적, 정당정파, 사회적 지위를 초월해 오직 환자에 대한
나의 의무를 지키겠노라.

나는 인간의 생명이 수태된 때부터 지상의 것으로 존중히 여기겠노라.

비록 위협을 당할지라도 나의 지식을 인도에 어긋나게 쓰지 않겠노라.

이상의 서약을 나의 자유의사로 나의 명예로 받들어 하노라.

오늘날 사용하는 위의 선언은 그리스 시대의 원본이 아니라 1948 년에 세계의사협회가 수정한 '제네바 선언'입니다. 아무래도 2500년이 라는 오랜 세월을 거치다 보니 변하는 의료 현실에 맞게 '히포크라테 스 선서'는 수정되거나 보완되기도 했습니다. 선서 속에 담긴 환자에 대한 사랑과 박애 정신을 발견한 중세 신학자가 기독교 교리에 맞게 해석하여 수정한 것을 시작으로, 제2차 세계대전 이후 의료 윤리에 대한 관심이 증폭되면서 다양한 선서가 등장했습니다. 그중 1948년 제네바에서 만들어진 것이 오늘날 의과대학의 졸업식장에서 낭송하 는 '히포크라테스 선서'가 되었고요. '제네바 선서(Geneva Oath)'라 부

르기도 하는데, 나치의 범죄에 가담한 의사를 반성하는 의미에서 인종과 계급에 무관하게 의술을 펴겠다는 내용이 새로이 추가되었습니다.

원칙을 지켜라

그럼 '히포크라테스 선서'의 원문은 어떤 내용을 담고 있는지 차근차근 살펴보기로 할까요?

의사인 아폴론을 두고, 아스클레피오스를 두고, 히기에이아를 두고, 파나케이아를 두고, 그리고 모든 남신과 여신을 두고, 그들로 나의 증인을 삼으면서 내 능력과 판단에 따라 이 선서와 계약을 이행할 것을 맹세합니다.

이 기술을 나에게 가르쳐준 사람을 내 부모처럼 여기고 나의 생계에서 그를 싹으로 삼으며 그가 재정적으로 궁핍할 때는 내 것을 그와 나누며 그의 가족을 내 형제로 간주하고 또 그들이 그것을 배우기를 원하면 보수나 계약 없이 그들에게 이 기술을 가르칠 것입니다.

십자가 모양의 '히포크라테스 선서'(12세기)

내 아들과 내 스승의 아들과 의사의 규범(법)에 따라 지킬 것을 규약과 맹세를 선서한 학생들에게만 모든 가르침을 전하고 그 밖의 다른 누구에게도 전하지 않을 것입니다.

나는 내 능력과 판단에 따라 환자를 돕기 위해 섭생법(攝生法)을 처방할 것이며, 상해하거나 상해할 의도로는 처방하지 않을 것입니다.

의학의 주체인 의사의 판단에 따라 의료 행위가 결정되며, 의학은 인도주의 정신에 그 목적이 있고, 치료법은 섭생법이 우선한다는 히포크라테스 의학의 원칙이 집약된 부분입니다. 특히 약물을 사용하는 인공적인 치료보다도 음식이나 운동 등 자연적으로 치유할 것을 권하는 섭생법은 《히포크라테스 전집》에 한 권이 할당되어 있을 정도로 핵심적인 사상입니다.

나는 독약을 투약해달라는 요청을 받더라도 누구에게도 하지 않을 것이고, 그 같은 수단을 제안하지도 않을 것입니다. 마찬가지로 나는 어떤 여인에게도 낙태용 질 좌약을 주지 않을 것입니다.

의학의 아버지로 불리는 히포크라테스

과학자의 명언으로 배우는 교양과학

이 부분에는 의학의 구체적 행위인 의술을 환자에게 시용하는 과정에서 절대 해서는 안 되는 행위가 구체적으로 나옵니다. 사실 독약이나 낙태 등 히포크라테스가 살던 시대와 동떨어져 보이는 몇몇 문구로 인해 이 선서 자체는 히포크라테스가 쓴 게 아니라는 주장이 나오기도 합니다. 하지만 의학은 필연적으로 시대상을 반영한다는 점을 고려해본다면, 후대에 와서 시대 상황에 맞게 수정되거나 보완되었을 가능성도 있는 것 같습니다.

삶과 의술 모두 순수하고 경건하게

나는 내 생애와 내 기술 모두 순수하고 경건하게 지킬 것입니다.

드디어 '히포크라테스 정신'이라 일컫는 의사 윤리의 대원칙이 등장합니다. 의사란 삶과 의술에서 모두 순수하고 경건해야 한다는 것이죠. 직업윤리와 개인적 윤리의 도덕적 합일(合一)이 진정한 의사의 완결 요건이라 말하고 있습니다.

나는 결석으로 고통 받는 자에게 칼을 대지 않을 것입니다. 그러나 대신 그 분야의 기능인에게 양보할 것입니다. 어떤 집에 들어가든지 나는 환자를 도울 것이고, 모든 고의적인 비행(非行)과 부패행위를 삼가고, 특히 노예든 자유인이든, 남자나 여자의 신체를 능욕하는 것을 삼갈 것입니다.

내 직업을 수행하는 동안이나 하지 않는 동안이나, 직업과 관련해서 내가 보거나 듣는 것이 무엇이건 간에 그것이 널리 퍼져서는 안 된다면, 그 같은 것들을 거룩한 비밀로 지켜 결코 누설하지 않을 것입니다.

이제 내가 이 선서를 깨뜨리지 않고 지켜나간다면 내 삶과 내 기술이 모든 사람 사이에서 영원히 존경을 받게 되고 만일 내가 그것을 어기고 맹세를 저버린다면 그 반대가 나에게 닥칠 것입니다.

히포크라테스는 미신과 주술 수준에 머물러 있던 당대의 의료를 의학이라는 과학의 한 분야로 발전시키는 데 큰 공헌을 했습니다. 치료에 관한 학문으로서의 의학과 기술 혹은 행위로서의 의술, 그리고 덕목이나 윤리로서의 의덕(medical virtue), 이 세 가지 측면을 모두 포함하는 '넓은 의미의 의학'을 정립하였죠. 아마도 앞으로도 변화하는 의료 환경에 맞춰 계속 수정이 되거나 보완이 되겠지만, '히포크라테스의 선서'는 불멸의 정신, 불멸의 가치로 우리 곁에 남아 있을 것입니다. 오늘을 사는 우리가 먼저 '선서' 속에 담긴 진리를 다시 한번 마음속에 되새기고, 실제 현장에서 접목해야 하겠습니다.

히포크라테스 Hippocrates BC 460~BC 377
고대 그리스의 의학자. 경험적 지식에 의거한 의술을 펼칠 것을 주장하고, 의사로서 가져야 할 직업윤리와 덕목 등을 정립하여 '의학의 아버지'라고 불린다.

예방하고 치료하고 정리하다

리들리 스콧 감독의 〈글래디에이터〉 영화를 기억하는지요? 로마제국의 검투사를 소재로 한 제작비 1억 달러의 초대형 시대물로 2000년 개봉 당시 흥행과 비평 모두 화제를 불러일으켰죠. 특히 당대 최고의 장군에서 하루아침에 노예로 전락, 다시 최고의 검투사로 거듭나는 주인공 막시무스의 인생역정이 많은 사람의 가슴에 진한 감동을 주었습니다. 아카데미 음향효과상과 시각효과상을 수상할 정도로, 화려한 전투 장면과 행군 장면 등 볼거리가 많았는데요, 저는 그중에서도 검투사들이 싸우는 장면이 특히 인상 깊었습니다. 너무 잔인하지 않나 하는 생각이 들 정도로 사실적이었거든요.

실제로 검투사들은 경기 도중에 죽는 일이 부지기수였고, 운이 좋으면 경미한 부상만 입고 목숨을 건지기도 했습니다. 전투에 맞먹을 정도로 인명이 한순간에 왔다 갔다 하는 현장이다 보니, 검투사들을 전속으로 돌보는 의사도 있었다고 합니다. 요즘으로 말하자면 축구팀이나 농구팀 주치의 같은 건데, 갈레노스가 바로 검투사를 돌보는 전속 의사, 말하자면 주치의를 지낸 인물입니다.

갈레노스는 고대 로마 시대의 의사이자 해부학자로 그리스 의학의 성과를 집대성한 인물입니다. 해부학과 생리학, 병리학에 걸친 방대한 의학 체계를 만들었으며, 그의 의학 체계와 사상은 이후 중세와 르네상스 시대에 걸쳐 서양 의학의 이론과 실제에 모두 절대적인 영향을 끼쳤죠. 로마 제국의 제16대 황제인 마르쿠스 아우렐리우스의 담당의를 지냈을 정도로 살아생전에도 절대적인 권세를 누렸습니다.

서기 129년 소아시아 페르가몬 지방에서 태어난 갈레노스는 철학과 수학을 공부하다 나중에 의학으로 전공을 바꾸었다고 합니다. 오늘날에는 의학을 공부하는 사람들에게 해부학이 필수 교과 과목이지만 과거에는 그렇지가 않았습니다. 고대 이집트나 그리스 시대의 역사적 자료를 보아도 의사들은 해부에 특별한 관심을 갖지 않았고, 특히나 신이 만든 인체를 해부한다는 것은 신에 반하는 것으로 여겨져 금기시되기까지 했죠. 갈레노스가 살던 시대에도 마찬가지였습니다. 그러나 갈레노스는 의학에서 해부가 매우 중요하다고 생각했습니다.

구조에 대한 지식 없이는 움직이는 인체를 이해할 수 없다.

고대의학을 완성한 갈레노스

의학이라 하면 보통 인체에 대한 구조적인 설명을 제공하는 해부학과 기능적인 설명을 제공하는 생리학으로 나눌 수 있습니다. 해부학과 생리학이 상호보완적으로 인체를 연구할 때 인체에 발생한 문제, 즉 질병을 이해하고 제대로 된 치료 방안을 찾을 수 있을 것입니다.

갈레노스는 해부학이 등한시되고 생리학만이 중요시되던 시대에, 해부학의 중요성을 깨달아 해부학에 대한 지식을 담은 책을 쓰고 제자들도 가르쳤습니다. 인체 해부는 법적으로 금지되어 있었기 때문에 주로 동물을 해부하여 체내 구조에 관한 지식을 얻었습니다. 나중에 검투사의 주치의로 일하면서 부상을 입은 검투사들의 상처를 열고 직접 몸속을 들여다볼 수 있는 기회가 생기게 되죠.

히포크라테스와 고대 그리스 의학의 발굴

갈레노스는 그리스 의학을 집대성하는 과정에서 히포크라테스를 재발굴해 그의 명성과 사상을 널리 알렸습니다. 히포크라테스를 '서양 의학의 아버지'로 등극시킨 장본인이기도 하지요. 갈레노스는 히포크라테스의 4체액설을 그대로 이어받아, 인체에 존재하는 4체액의 조화로운 균형이 깨지면 질병이 발생한다고 주장했습니다. 4체액이란 검은 담즙, 노란 담즙, 점액, 혈액을 말하는데 이들은 곧 자연계의 4원소인 흙, 불, 물, 공기에 각각 대응하는 것입니다.

갈레노스가 돼지를 해부하고 있는 동판화

사실, 우리에게 의사이자 철학자로 알려진 히포크라테스는 상호작용하는 네 개의 성질을 처음으로 입증한 사람이다. 이 성질들은 모든 것의 창조와 파괴에서 기인하여 생명체에 들어왔다가 나간다.

—《자연적 재능에 관하여》

그러나 기존 문헌에 나와 있다고 해서 갈레노스가 그 내용을 완벽하게 다 수용하기만 한 것은 아닙니다. 그는 철저히 관찰과 경험에 입각하여 기존 내용을 검증하고 수정 보완하는 작업을 해나갔습니다.

갈레노스의 의학 사상은 목적론적이었습니다. 즉, 생명과 질병에 대해 '왜', '어떻게'가 아니라 '무엇을 위해'라는 질문을 던진 것이지요. 그는 신체의 각 부분이 신이 정한 특별한 목적에 따라 생겨났다고 주장했습니다. 이는 아리스토텔레스의 목적론(theology)과 생기론(vitalism)에 영향을 받은 것입니다. 이런 점에서 갈레노스를 '의학의 아리스토텔레스'라고 하는 학자들도 있죠. 갈레노스의 주요 저작인 《자연적 재능에 관하여 On the Natural Faculty》에는 이러한 그의 사상이 잘 드러나 있습니다. 다음 인용문은 요관과 요도를 묶는 동물 실험에서 얻은 관찰 결과를 설명하면서, 신체 기관에 신으로부터 부여받은 특별한 재능, 즉 특정한 목적이 있음을 받아들이지 않는 사람들을 설득하고 있습니다.

사실 분파의 노예가 된 자들은 지식도 전혀 없을 뿐만 아니라 잠시 멈춰서서 배우려 하지도 않을 것이다. 그들은 액체가 요관을 통해 방광으로 들어가기는 하지만, 그 길을 거꾸로 가지 못하는 이유에 대해 자연의 예술적인 기술을 존경하고, 귀를 기울이는 대신에 배우기를 거절한다. 뿐만 아니라 그들은 콩팥이 다른 기관들과 마찬가지로 본래 아무런 목적 없이 만들어졌다고 주장한다.

이러한 관점은 기독교 교리와 잘 맞아떨어졌습니다. 그 결과 수세기 동안 갈레노스의 사상이 서양 의학을 지배했고, 그의 저술은 최고의 의학 교과서로 대접을 받았습니다. 몇몇 내용은 사람들로 하여금 의문을 품게도 만들었지만, 갈레노스를 부정하는 것은 곧 신을 부정하는 것이었기 때문에 15~16세기까지는 아무도 입을 열지 않았죠. 1553년에 스페인의 의사이자 성직자인 미카엘 세르베투스가 갈레노스를 비판했다 산 채로 화형에 처해질 정도였으니까요.

그러나 근세에 접어들어 많은 철학자와 의학자가 신의 존재를 부정하지 않으면서도 신체 기능을 기계적 원리로 설명하려는 기계론을 내세우자 갈레노스의 목적론은 서양 의학에서 서서히 사라졌습니다. 기계론의 대표적인 사람으로 인간을 기계에 비유한 프랑스의

갈레노스(왼쪽)와 히포크라테스(오른쪽)가
토론하는 모습의 프레스코화(13세기)

철학자이자 수학자인 데카르트가 있죠.

후대로 내려와 더욱 과학적인 연구가 가능해지자 갈레노스의 주장 중에서 사실이 아닌 것으로 밝혀진 이론도 많습니다만, 그렇다고 하더라도 갈레노스가 뛰어난 의사이자 의학자임은 부인할 수 없는 사실입니다. 4체액설은 이후 인체 내에 존재하는 혈액과 림프액 등 여러 체액이 과학적으로 규명되면서 자연스레 폐기되었습니다. 구성 성분이나 작용 기제가 보다 구체화되고 이름이 달라졌지만, 근본적인 시각은 여전합니다. 4체액의 균형이 건강 유지에 필수적인 요건이어서, 평소에 4체액을 균형 있게 유지하도록 식단과 생활 양식을 관리할 필요가 있습니다. 왜냐하면 예방법의 중요성까지 설파했던 갈레노스의 주장과 마찬가지로 지금도 혈액의 균형은 건강을 유지하는 데 필수적인 요건이기 때문입니다.

의지가 의사를 만들다

나중에는 황제의 주치의가 될 정도로 유명 인사가 되었지만, 처음부터 갈레노스의 의사 인생이 탄탄대로였던 것은 아닙니다. 청운의 꿈을 품고 로마에 입성할 당시에는 그를 알아주는 이가 거의 없었기 때문에, 갈레노스는 자신의 이름을 알리기 위해 고군분투해야 했습니다. 동향 출신의 철학 교수가 황달에 걸렸을 때에는 스스로 자신을 추천하여 치료했다고 합니다.

모든 것을 할 수 있는 의지가 있으면서도 아무것도 할 수 없는 사람보다 비참한 것은 없다.

그러나 그에게는 명의가 되겠다는 굳건한 의지가 있었고, 그 의지를 뒷받침할 만큼의 재능도 있었던 것 같습니다.

갈레노스는 《자연적 재능에 관하여》를 포함하여 400여 권에 달하는 방대한 양의 의학 저서와 철학 저서를 저술하였습니다. 그의 책을 통해 후대 사람들은 고대 그리스 시대부터 전해 내려오는 의학지식과 사상을 엿볼 수 있었으며, '히포크라테스'라는 서양 의학의 정신을 재발굴해낼 수 있었죠. 그리스도교 사상과 잘 맞아떨어졌다고는 하지만, 그의 책 속에 이러한 보물이 숨겨져 있지 않았다면 과연 그가 로마 시대부터 중세를 거쳐 근대에 이르기까지 서양 의학을 지배할 수 있었을까요.

클라우디우스 갈레노스 Claudius Galenos 129~199
그리스의 철학자·의학자, 해부학, 생리학, 진단법, 치료법 등을 발전시켜 의학의 체계를 세웠으며, 현재 전해지는 글들은 모두 500편이 넘을 정도로 의학과 철학에 관한 많은 저술을 남겼다.

Part 2

새로운 과학세상을 열다

뉴턴 | 아인슈타인 |

오펜하이머 | 페르미 | 퀴리 | 맥스웰 | 플랑크

● ● ●

네 이론은 미쳤다. 그러나 진실이 되려면 더 미쳐야 한다.

Your theory is crazy, but it's not crazy enough to be true.

−닐스 보어(Niels Bobr)

● ● ●

패러다임을 바꾼 과학혁명의 종결자

'인류의 역사를 바꾼 세 개의 사과'라는 말을 들어본 적이 있나요? 에덴동산에서 뱀의 유혹에 넘어가 아담과 하와가 따먹은 선악과, 그것이 바로 첫 번째 사과이고요. 빌헬름 텔이 아들의 머리 위에 올려놓고 화살로 쏘아 맞춘 사과가 바로 두 번째 사과지요. 아담과 하와의 사과는 결국 그 둘을 낙원으로부터 쫓겨나 인간으로 하여금 원죄의 굴레 속에서 살게 했어요. 빌헬름 텔의 사과는 약소국 스위스의 독립운동에 도화선 역할을 하여 이후 전 인류에게 자유와 혁명을 가져다주었습니다. 그럼 세 번째 사과는 누구의 사과일까요? 바로 뉴턴의 사과입니다.

물리학자이자 천문학자, 수학자로 영국이 배출한 최고의 과학자로 인정받는 아이작 뉴턴, 그 뉴턴이 고향 집 정원에 있는 사과나무에서 떨어지는 사과를 보고 '만유인력(universal gravitation)'을 발견했다는 얘기는 너무나 유명하죠. 이 만유인력으로 근대 과학이 화려하게 꽃을 피우게 되었으니 뉴턴이 실제로 머리에 사과를 맞았거나 말거나, 이 사과가 인류의 역사를 바꾼 위대한 사과라는 데에는 이의가 없겠죠?

어린아이의 샘솟는 상상력으로

뉴턴이 임종을 앞두고 친구에게 다음과 같이 말했답니다.

> 내가 세상에 어떻게 비쳐지고 있는지 잘 모른다. 그러나 나는 스스로를 바닷가에서 장난치는 소년이라고 생각해왔다. 내 앞에는 아직 발견되지 않은 거대한 진리의 대양이 있고, 그 속에서 나는 조금은 특별한 매끈한 조약돌이나 예쁜 조개껍데기를 찾으려고 애쓰는 소년처럼 보이는 것으로 생각해왔다.
>
> —데이비드 브루스터, 《브루스터의 뉴턴 회고록》(1855)

근대 과학의 서막을 열고 17세기 과학혁명(scientific revolution)을 완성한 위대한 과학자 뉴턴이 스스로를 바닷가에서 장난질이나 치는 소년에 비유하다니요. 아무리 겸손해도 그렇지 이건 너무하지

만유인력의 법칙을 발견한 뉴턴

과학자의 명언으로 배우는 교양과학

않나요? 그러나 그의 말을 조금만 주의 깊게 들여다보면 과학자가 되는 데 필요한 자질, 그리고 과학자가 지녀야 할 마음가짐을 알 수 있습니다. 바로 어린아이와 같은 순수한 마음이지요. 때 묻지 않은 어린아이는 호기심과 상상력이 풍부합니다. '주위 세계에 대해 끊임없이 궁금증과 호기심을 갖고 샘솟는 상상력으로 의문을 해결하려고 애쓰는 소년의 마음을 가졌을 때에야 위대한 과학자가 될 수 있다.'는 것이 바로 뉴턴의 이야기에서 우리가 깨달아야 할 교훈입니다.

뉴턴의 겸손함은 다음 글에서도 엿볼 수 있습니다.

내가 만약 가치 있는 발견을 했다면 어떤 재능보다 인내를 갖고 주의를 기울였다는 것이다.

왠지 발명왕 토머스 에디슨의 명언인 "천재는 1퍼센트의 영감과 99퍼센트의 노력으로 이루어진다."가 연상되는 말입니다.

이렇게 겸손한데도 뉴턴과 동시대를 산 인물들은 뉴턴을 신에 '가장 근접한 인간'으로 칭송했다고 합니다. 절대자 '신'에 가장 근접하다고 여겨질 정도로 칭송받은 위대한 과학자의 삶이란 어땠을까요? 자, 이제 타임머신을 타고 뉴턴이 살던 17세기로 거슬러 올라가보죠.

스물 셋에 우주를 깨닫다

뉴턴은 1642년 잉글랜드 동부 링컨셔의 울즈소프라는 작은 마을에서 태어났습니다. 그해 저 먼 이탈리아에서는 갈릴레이가 세상을 떠났죠. 과학계의 거대한 별이 지고 다시 서쪽에서 그에 버금가는 거대한 별이 하나 떠올랐으니(실제로 별은 동쪽에서 뜨지만 이 경우에는 영국이 이탈리아의 서쪽에 있으니 서쪽에서 별이 뜬다는 표현을 써보았습니다.) 1642년은 과학사에서 매우 큰 의미가 있는 해가 아닌가 싶네요.

뉴턴은 매우 불우한 어린 시절을 보냈습니다. 아버지는 태어나기도 전에 세상을 떠났고 어머니는 뉴턴이 두 살 때 돈 많고 나이 많은 목사와 재혼했기 때문에 뉴턴은 할아버지, 할머니하고 살아야 했습니다. 재혼한 지 8년 만에 두 번째 남편이 죽자 어머니는 두 번째 남편과의 사이에서 낳은 세 명의 아이를 데리고 뉴턴 곁으로 돌아오지만, 그렇다고 해서 바로 불행이 끝나고 행복이 시작된 것은 아닙니다. 왜냐하면 뉴턴이 학교에 입학한 후 '울보', '겁쟁이'라고 놀림을 받았고 공부도 싫어했기 때문이라고 합니다.

평소 점성술에 호기심이 많던 뉴턴은 1661년 케임브리지대학에 입학해 데카르트의 《기하학》, 월리스의 《무한의 산수》 등 수많은 책과 케플러, 갈릴레이의 논문을 탐독하며 수학과 물리학에 깊은 관심을 갖기 시작합니다. 특히 케플러의 '행성운동법칙'과 '굴절 광학'에 심취해서 케플러가 밝히지 못한 인력(gravitation)을 연구하기까지 합니다.

그러나 1665년 영국 전역에 페스트가 창궐하며 대학이 문을 닫게 됩니다. 뉴턴도 어쩔 수 없이 하던 공부를 잠시 접고 고향으로 돌아

과학자의 명언으로 배우는 교양과학

가야 했죠. 흑사병이라고도 알려져 있는 페스트는 1347년 유럽에 나타난 이후 300년 동안 전 유럽을 공포의 도가니로 몰아넣으며 유럽 인구의 4분의 1인 2500만~3500만 명의 목숨을 앗아갔습니다. 1894년이 되어서야 프랑스 세균학자 알렉상드르 예르생이 병원체를 발견하였죠. 뉴턴이 살던 시대의 페스트는 유럽의 마지막 재앙이라고 불린 '런던 대역병'을 이야기합니다.

고향 집에서 뉴턴은 사색과 실험을 하며 보냅니다. 그때 뉴턴의 나이 고작 스물세 살이었지만 시골에서 보낸 이 두 해(1665~1666) 동안 그의 위대한 업적 대부분이 싹을 틔웁니다. '뉴턴의 사과' 일화도 이때의 일이죠.

1667년 대학으로 돌아온 뉴턴은 석사학위를 받고 특별연구원의 자리를 얻게 됩니다. 그리고 그의 멘토이자 당시 유명한 수학자인 배로의 뒤를 이어 교수가 됩니다. 그 후 1672년에는 근대 광학의 새 장을 연 논문을 발표하였으며, 1667년에는 우리에게 《프린키피아 *Principia*》로 더 잘 알려진 《자연철학의 수학적 원리*Mathematical Principles of Natural Philosophy*》라는 불후의 명저를 출판합니다. 뉴턴의 역학과

런던 웨스트민스터 사원에 있는 뉴턴의 무덤

우주론을 집대성한 이 책은 세 권으로 구성되어 있는데 그 내용이 얼마나 어려웠던지 케임브리지 학생들이 "저자 자신도 이런 책은 이해할 수 없을걸." 하며 빈정댈 정도였다고 합니다.

운동 법칙과 만유인력의 법칙

뉴턴이 과학자로서 남긴 최대 업적을 꼽으라면 아마도 그건 역학(dynamics)일 겁니다. 역학은 과학 중 가장 먼저 체계가 잡힌 학문으로 갈릴레이를 거쳐 뉴턴에 이르러 그 기초가 확립됩니다. 이 체계를 뉴턴 역학이라 부르는 것만 봐도 뉴턴이 역학의 발전에 얼마나 큰 역할을 했는지 잘 알 수 있습니다. 물론 후에 아인슈타인이 등장하면서 뉴턴 역학은 큰 위기를 맞지만, 당시만 해도 모든 과학의 모범으로서 자연현상을 규명하는 기초과학으로 간주되었을 정도로 그 영향력은 엄청났습니다.

뉴턴의 운동 법칙은 다들 아실 겁니다. 물리시험에 빠지지 않고 등장하는데요. 바로 《프린키피아》 제1권에 나와 있습니다.

1. 외부에서 힘이 작용하지 않으면 모든 물체는 일정한 상태를 계속 유지한다.

잘 알겠지만 관성의 법칙을 이야기하는 겁니다. 외부에서 힘이 주어지지 않는 한 정지해 있는 물체는 계속 정지해 있거나 등속 직선 운동을 하고 있는 상태를 그대로 유지하려고 한다는 이야기죠.

2. 물체의 질량 m과 가속도 a, 그리고 가해지는 외부의 힘 F의 관계는 $F=ma$이다.

이 등식에서 우리가 흔히 알고 있는 '가속도, 즉 운동의 변화는 가해지는 힘에 비례하고, 질량에 반비례한다'는 공식이 성립합니다. 흔히 가속도의 법칙이라고 부르죠.

3. 모든 작용에는 크기가 같고 방향이 반대인 반작용이 있다.

두 물체가 서로 힘을 미칠 때 그 힘의 크기는 항상 같으며 방향은 반대입니다. 바로 작용과 반작용의 법칙입니다. 사격을 할 때나 대포를 쏠 때 그 반동을 조심해야 하는 것이 바로 이 작용과 반작용의 법칙 때문이지요. 자, 그렇다면 태양이 지구를 상대로 일정한 힘을 행사하고 있다면, 지구도 태양을 상대로 똑같은 힘을 행사하고 있다는 주장 역시 이 작용–반작용 법칙으로 설명이 되겠지요?

그럼 여기서 더 나아가 만유인력의 법칙도 한번 들여다보죠.

세상에 존재하는 모든 물체 사이에는 서로 끌어당기는 힘이 작용하는데 그 힘을 만유인력이라고 합니다. 이때의 힘은 물체의 종류나 물체 사이에 존재하는 매질과는 상관없이 두 물체의 질량인 m_1과 m_2의 곱에 비례하고, 물체 사이의 거리인 r의 제곱에는 반비례합니다. 너무 복잡해서 무슨 말인지 모르겠다고요? 그럼 아래 식을 보세요.

$$F = G \times \frac{m_1 \times m_2}{r^2}$$

여기서 G는 만유인력 상수로 $6.67 \times 10^{-11} \text{m}^3/\text{kg}^2$이라는 매우 작은 값입니다.

어때요? 말로 설명하면 왠지 정리가 잘 안 되고 머릿속이 뒤죽박죽인데, 수식으로 나타내니 모든 것이 깨끗하게 정리가 되면서 간단명료해지지 않나요? 이처럼 질서라고는 없어 보이던 자연 현상이 근대 과학을 거치며 차근차근 질서를 보이며 눈에 보이는 수식으로 정리가 되었습니다.

진리는 단순함에서 나오지, 복잡과 혼돈 속에서 나오지 않는다.

가장 위대한 친구, 진리

뉴턴은 케플러가 발견한 행성에 관한 세 가지 법칙을 기본으로 하여 귀납적인 방법으로 만유인력을 발견하였습니다. 케플러가 뉴턴 연구의 초석이 되었다고 볼 수 있죠. 그러나 뉴턴이 영국왕립협회장으로 추천되고 기사 작위를 받으며 웨스트민스터 사원에 성대하게 묻히는 영예로운 삶을 산 반면, 케플러는 돈이 없어 질병과 빈곤 속에서 허덕이는 삶을 살다 길에서 홀로 쓸쓸히 죽어갔습니다. 동일한 학문을 연구했음에도 둘의 삶은 너무나 대조적이지 않나요? 그렇다고 뉴턴이 권좌와 명예에 눈이 멀어 선배들의 업적을 마치 제 것인 양 도둑질하고 입을 쓰윽 닦은 것은 아닙니다.

내가 만약 다른 사람보다 더 멀리 보았다고 한다면 그것은 내가 거인의
어깨 위에 올라섰기 때문이다.

—로버트 훅에게 보낸 편지(1675)

여기서 거인이란 아마도 유클리드를 비롯해 아리스토텔레스, 케
플러 등 그의 앞에 서 있던 많은 선배를 지칭하는 것 같습니다. 자
신을 거대한 진리의 바다 한가운데도 아닌 바닷가, 그곳에서도 조
그마한 조개껍데기를 찾으려 애쓰는 작은 소년에 비유할 정도로 겸
손했던 뉴턴이라면 선배들에게 공을 돌리는 것쯤은 당연한 일이었
겠죠?

마찬가지로 뉴턴은 순수하게 진리를 탐구하고자 학문에 매진한
것이지, 부귀영화를 바라거나 다른 목적이 있던 것은 절대 아닙니
다. 물리학이나 수학, 천문학 같은 자연과학을 기초과학 또는 순수
과학이라 부르죠. 순수하게 자연을 이해하는 것, 진리를 탐구하는
것을 목적으로 하며 다른 과학이나 공학의 기초가 되는 학문이기
때문입니다. 우리 삶을 보다 편리하고 윤택하게 하기 위해 기술을

천체 관측에 큰 공헌을 한 뉴턴의 반사망원경

개발하는 등의 실용적인 목적을 갖는 응용과학과 대비해서 생각하면 보다 이해하기가 쉬울 겁니다.

> 플라톤은 나의 친구다. 아리스토텔레스도 나의 친구다. 그러나 나의 가장 위대한 친구는 진리다.
>
> —《몇 가지 철학적인 문제들》(1664)

> 다른 사람들이 나의 연구를 이용하거나 나를 위해 사용하는 걸 기다렸다면 나는 어떠한 일도 하지 않았을 것이다.
>
> —베티 돕스, 《뉴턴 연금술의 근원을 찾아서》(1975)

무슨 뜻인지 아시겠죠? 자신의 연구가 실용적인 목적, 예를 들어 휴대폰이나 MP3플레이어를 만드는 데 도움이 될 것이라 기대했다면 난 아예 처음부터 과학의 길을 걷지 않았을 것이라는 이야기죠. 뉴턴이 진리 그 자체를 위해 연구에 몰두했음을 알려주는 이야기입니다.

자연의 모든 것을 한 개인이나 한 시대로 설명하는 것은 어려운 일입니다. 많은 것을 하려고 하지 말고 확신을 갖되 적은 일을 하는 게 낫습니다. 그리하여 나머지는 우리 후손을 위해 남겨두어야 할 것입니다.

시련은 성공으로 가는 길
앎에 대한 욕구, 아무도 발견하지 못한 미지의 영역을 개척하고자 하는 욕구란 인간에게 주어진 가장 큰 선물인 것 같습니다. 물론 지나침은 없는 것만 못하다는 말도 있듯, 때로는 욕심이 지나쳐 반목과 시기를 조장하기도 합니다. '지식재산권'이라고 들어보셨나요? 누가 먼저 만들어냈느냐, 누가 먼저 발견했느냐는 돈이나 명예를 떠나 자존심의 문제이기도 하기 때문에 과학자들은 앞다투어 자신의 연구 결과를 논문으로 발표하려고 합니다.

이와 관련한 유명한 일화가 뉴턴과 라이프니츠 사이에도 있었죠. 뉴턴은 라이프니츠와 함께 미적분학의 발명자로도 유명합니다. 그러나 누가 먼저 이 미적분학을 발명했느냐를 놓고 살아생전 둘은 반목하기도 했다죠. 물론 미적분학을 세상에 먼저 내놓은 사람은 라이프니츠였습니다. 라이프니츠는 1684년에 과학 신문에 이미 발표했고 뉴턴은 1707년이 되어서야 책으로 출판을 하죠. 그런데 뉴턴은 라이프니츠가 자신에게서 미적분학을 배웠다는 주장을 폈고 결국 라이프니츠는 영국왕립협회로부터 표절 판정을 받았다고 합니다. 그러나 어찌되었건 진실은 통한다고 현재에 와서는 미적분학을 창시한 공로자로 두 분을 모두 기리고 있습니다. 아, 물론 수학이라면 말만 들어도 머리가 지끈거리는 사람들에게 라이프니츠와 뉴턴은 모두 원수 같겠지만 말입니다.

시련은 우아하고 현명한 의사인 하느님이 처방해주는 가장 좋은 약이다. 그는 어떤 병에 걸렸는지에 따라 약을 많이 쓰기도 하고 약을 먹는 횟수도 정한다. 인간은 그의 능력을 믿고 처방에 대해서도 늘 감사해야 한다.

'인간이 성공하기 위해서는 힘든 시련을 이겨낼 줄 알아야 한다.' 는 뜻입니다. 살다 보면 즐거운 일, 기쁜 일도 있지만 어려운 일, 힘든 일도 많이 겪게 됩니다. 그때마다 남의 탓으로 돌리고 좌절하고 포기하면 결국 그 어떤 일도 이루어낼 수 없는, 용기 없는 사람이 되고 맙니다. 지금의 시련이 나중에 더 큰 도약을 위한 발판이라 생각하고 꿋꿋이 이겨낸다면, 그리고 노력한다면 세상에 이루지 못할 일이란 없습니다. 공부를 싫어했고 겁쟁이, 울보이던 뉴턴이 전 인류의 역사를 바꾸어놓은 위대한 과학자가 될 수 있었던 것도, 자신에게 닥친 시련에 굴하지 않고 하고자 하는 일에 매진했기 때문 아닐까요?

아이작 뉴턴 Sir Isaac Newton 1642~1727
영국의 물리학자 · 천문학자 · 수학자. 광학연구로 반사망원경을 만들고 뉴턴 원무늬를 발견했으며, 빛의 입자설을 주장했다. 만유인력의 원리를 확립했으며, 1705년 과학자로서는 최초로 기사 작위를 받았다. 《자연철학의 수학적 원리》(1687)는 과학사에서 가장 유명한 책 중 하나다.

과학자의 명언으로 배우는 교양과학

양자역학과 상대성이론으로 세기를 바꾸다

인도의 수학자 스리니바사 라마누잔, 유명한 피아니스트 아르투르 루빈스타인, 노벨상을 받은 경제학자 게리 베커, 이탈리아 독재자 무솔리니, 저명한 물리학자 리처드 파인먼, 그리고 알베르트 아인슈타인…… 이들의 공통점이 무엇인지 혹시 알고 있습니까? 모두 각자의 분야에서 일가를 이룬 인물이라는 것이 하나의 공통점이고, 또 다른 하나는 바로 이들 모두 늦게 말을 시작했다는 사실입니다.

이들뿐 아니라 여러 분야에서 남다른 능력을 발휘한 인물 중에는 언어 발달이 보통의 경우보다 뒤처진 사람들이 꽤 있는데, 전문가들은 오랜 세월 그 이유를 찾기 위해 꽤 고심해왔습니다. 남들보다 언어 발달이 늦다는 것은 곧 그만큼 무언가를 배우고 사고하는 능력이 뒤처진다는 의미일 것만 같은데, 어떻게 해서 오히려 보통 사람보다 피아노면 피아노, 수학이면 수학 등 특정 분야에서 두드러진 기량을 뽐낼 수 있는지 그 이유가 궁금하지 않습니까?

이에 대한 해답을 얻은 것은 비교적 최근의 일입니다. 그 단서를 제공한 것은 바로 아인슈타인의 뇌입니다. 뇌 신경학자들이 아인슈타인의 뇌를 해부해본 결과, 일반인과는 다른 비정상적인 발달을 보이고 있었습니다. 분석적 사고 기능이 집중된 뇌의 부위가 정상적인 영역을 크게 벗어나 이웃의 몇몇 지역으로 넘쳐 들어가 있었죠. 그리고 그중에는 언어 기능을 통제하는 부위도 포함되어 있었습니다. 아인슈타인의 뇌를 해부한 신경과학자들이 아인슈타인이 늦게 말을 시작하게 된 것이 뇌의 비정상적인 발달 때문이었다는 사실을 밝힘으로써, 지능이 일찍 발달한 어린이의 말하는 능력이 늦게 발달하는 현상에 '아인슈타인 증후군'이라는 이름을 붙이게 되었습니다.

천재의 대명사

신경과학자들은 '아인슈타인 증후군' 외에도 특별히 아인슈타인의 뇌에 주목하고 있습니다. 아인슈타인이 죽은 지 반세기가 지났는데도 그의 뇌를 조심스럽게 보존하고 갖가지 연구를 진행하고 있지요. 왜냐고요? 왜 하필 아인슈타인의 뇌냐고요? 그것은 바로 아인

20세기 최고의 물리학자 아인슈타인

슈타인이 그냥 아인슈타인이 아니라 천재 아인슈타인이기 때문입니다. 아마 대부분의 사람이 '천재' 하면 곧장 떠올리는 인물이 아인슈타인일 겁니다. 도대체 천재의 뇌는 어떻게 생겨먹었을까, 일반인과는 어떻게 다를까, 그 뇌의 비밀을 밝히면 천재성의 비밀도 밝힐 수 있지 않을까 하는 궁금함에서 아인슈타인의 뇌가 각광을 받는 것이지요.

사실 아인슈타인 스스로 "내게 특별한 재능이 있는 것은 아니다. 나는 단지 호기심이 많았을 뿐이다." 하고 밝혔다고 합니다. 또 "(유명해진 것은) 내가 똑똑했기 때문이 아니다. 나는 다만 문제에 좀 더 오랫동안 매달렸기 때문이다."는 말을 남기기도 했지요. 그렇지만 호기심이 되었건, 문제에 오래 매달리는 끈기가 되었건, 그 모든 것은 천재성과 어우러져 아인슈타인의 이미지를 각종 과학 기구나 학습지, 심지어는 먹으면 머리가 좋아진다는 각종 식음료의 광고에 가장 적합한 인물로 만들어내었습니다.

최근에는 기존의 사고에서 벗어나 무언가 새로운 것을 창출해내는 '상상'에 대한 예찬론이 뜨면서 "상상력은 지식보다 더 중요하다. 지식은 한계가 있다. 상상력은 세계(우주)를 품을 수 있다."는 말과

첫 번째 부인 밀레바 마리치와 아인슈타인

함께 아인슈타인이 또다시 유명세를 타기 시작했지요.

양자역학의 탄생

그러나 그 무엇도 아인슈타인이 현대 물리학에 끼친 영향력에는 비할 수 없습니다. 아인슈타인은 시간과 공간의 개념을 정립했으며, 빛의 속도로 가는 거리인 광년, 타임머신, 블랙홀 등의 새로운 말을 만들어낸 20세기 최고의 물리학자입니다. 지난 2005년은 아이슈타인이 특수 상대성이론을 발표한 지 꼭 100년이 되는 해였죠. 물리학계는 이를 기려 2005년을 '물리의 해'로 지정하고 각종 강연과 행사를 통해 아인슈타인 이후 현대 물리학의 흐름을 짚어 보는 회고전을 갖기도 했습니다.

그중 하나인 '세계 빛의 축제'는 아인슈타인이 말년을 보낸 프린스턴대학에서 레이저 빛을 쏘아 24시간 안에 지구 한 바퀴를 돌게하는 행사로 전 세계 46개 나라가 빛의 중계에 참석했습니다. 우리나라에서는 부산에 처음 도착한 후 각각 포항과 광주를 거쳐 서울로 이어지는 두 갈래 길로 통과해 지나갔죠. 그런데 아인슈타인의 상대성이론 탄생을 기념하는 행사에 왜 하필 '빛(light)'이 등장한 걸까요? 아인슈타인과 빛이 어떤 관계에 있기에 전 세계가 '빛의 릴레이'에 이토록 흥분했던 것일까요?

아인슈타인은 1905년 스위스 특허청 하급 직원으로 일하면서 세계를 깜짝 놀라게 할 논문 네 편을 발표합니다. 이 중 두 개의 논문, 즉 아인슈타인으로 하여금 노벨상의 영광을 거머쥐게 한 '광양자 가설'에 대한 논문과 '특수 상대성이론'에 대한 논문이 바로 빛과 직접 연관관계를 맺고 있다고 볼 수 있습니다.

　양자광학이 태동하던 당시 과학자들은 금속판에 빛을 가하면 전자가 튀어나오는 이른바 광전 효과를 실험을 통해 확인했지만 어떻게 이런 현상이 일어나는지는 설명하지 못하고 있었습니다. 아인슈타인은 1900년 막스 플랑크가 제시한 에너지의 양자화 개념에서 그 실마리를 찾았습니다. '빛은 일종의 파동'이라는 당시 물리학계를 지배하던 개념을 뒤집고, 빛을 플랑크의 양자 가설에 따른 에너지를 가진 아주 작은 알갱이(입자 또는 원자), 즉 광양자로 봄으로써, 광전 효과를 이론적으로 완벽하게 설명해낸 것이죠.

　1905년에 '광전 효과에 대한 광양자 이론'을 담은 논문인 〈빛의 생성과 변형에 관한 체험적 관점에서On a Heuristic Viewpoint Concerning the Production and Transformation of Light〉가 출간되자 물리학계는 술렁였습니다. 빛을 입자로도 볼 수 있다는 생각은 당시로서는 너무나 혁명적이어서 닐스 보어를 비롯해 빛의 불연속성을 주장하던 다른 물리학자들도 이 점만은 인정하지 않으려 했다고 하지요. 하지만 아인슈타인의 생각을 따르는 이들이 점점 늘어나며 1922년에

올림피아 아카데미 창립회원
왼쪽부터 하비히트, 솔로빈, 아인슈타인

는 미국의 아서 콤프턴이 빛의 입자성을 분명하게 입증하였습니다. 결국 1905년의 아인슈타인의 논문에서 본격적으로 제기된 입자−파동 이중성의 문제는 하이젠베르크(1932년 노벨 물리학상), 슈뢰딩거(1933년 노벨 물리학상), 디랙(1933년 노벨 물리학상), 파울리(1945년 노벨 물리학상), 막스 보른(1954년 노벨 물리학상) 등으로 이어져 20세기 과학의 최대 걸작인 양자역학을 낳게 됩니다.

세계를 뒤흔든 상대성이론

세계를 뒤흔든 아인슈타인의 가장 위대한 업적인 '상대성이론'도 빛과 밀접한 관계를 맺고 있습니다. 그중에서도 특수 상대성이론이 1905년에 처음으로 〈움직이는 물체의 전기역학에 관하여〉라는 이름으로 공표되었지요. 특수 상대성이론은 당시 전자기학에서 얻은 '빛의 속도는 불변'이라는 힌트에서 시작합니다. 아인슈타인은 당시 대부분의 물리학자가 이해하지 못하던 맥스웰 방정식에 따라 '진공에서의 광속은 광원의 운동과 무관한 보편상수이다. 즉, 빛의 속도는 관측자의 상태와 무관하게 일정하다.'는 가정하에 관측자의 상태에 따른 시간과 공간의 변화를 설명했습니다.

예를 들어 시속 100킬로미터로 달리는 기차를 정지한 사람이 보면 그 기차는 시속 100킬로미터가 되지만, 기차와 같은 방향으로 시속 100킬로미터로 달리는 버스 안에 앉아 있는 관측자에게는 기차의 속도가 0이 되지요. 반대로 관측자와 반대 방향으로 시속 100킬로미터로 달리는 버스 안에 있는 관측자에게는 기차의 속도가 시속

200킬로미터가 되는 원리입니다. 공간 또한 속도가 **빠를**수록 작아지는데, 어떤 막대가 빛의 속도로 움직인다면 그 길이가 0이 된다는 것입니다.

아인슈타인은 '빛의 불변성'과 '모든 관성(기준) 좌표계 안에서 물리학 법칙들은 동일하다.'는 가정을 결합하여 뉴턴 이래 물리학을 지배해온 절대적 시간과 공간의 개념을 뒤바꿔놓았습니다.

수학의 법칙이 현실에 관계된 한 그들은 절대적이지 않다. 그리고 그들이 절대적인 한 그들은 현실과 관계되지 않는다.

현실은 다만 환상이다. 비록 매우 완고하게 버티고 있긴 하지만.

그뿐만이 아니었습니다. 철학과 사상계에까지 엄청난 파장을 끼쳐, 자연과 인간에 대한 절대론적 인식에 금이 가기 시작한 것이죠. 사실 아인슈타인 하면 곧이어 떠오르는 것이 바로 '상대성이론'입니다. 그래서 아인슈타인에게 노벨상을 안겨준 것도 당연히 '상대성이론'에 관련된 업적이라고 생각하지만, 실제로 그는 '광양자 가설'로 노벨 물리학상을 받았습니다. 이는 당시 세계 석학들이 상대성이론이 기존의 상식을 완전히 뒤바꿔놓은 데 놀라 감히 수상자로 선정하지 못했다는 후문이 있죠.

어쨌든 아인슈타인은 1905년에 발표한 '특수 상대성이론'으로 일약 스타덤에 올랐습니다. $E=mc^2$이라는 유명한 공식을 알죠? 바로 '질량

에너지 등가 원리'로 알려진 이 공식도 특수 상대성이론에서 유도된 것이에요. 하지만 특수 상대성이론은 말 그대로 특수한 경우, 즉 등속 직선 운동을 하는 관성계에서만 성립한다는 근본적인 한계가 있었습니다. 가속 운동을 하는 좌표계나 회전 운동을 하는 경우에는 맞지 않는다는 얘기지요. 아인슈타인은 이런 특수 상대성이론의 문제점을 보완하기 위해 10년 동안 끙끙거려야 했습니다.

마침내 1915년 11월 25일, '일반 상대성이론'을 담은 〈중력장 방정식The Field Equations of Gravitation〉을 《물리학 연보》에 제출합니다. 특수 상대성이론이 광속도 불변의 원리를 기준으로 만든 것이라면, 일반 상대성이론은 중력과 가속도가 같다는 등가 원리에서 출발한 이론이지요. 따라서 일반 상대성이론에 따르면 중력에 의해 휘어진 공간을 통과하는 것은 질량을 가진 물체든 질량이 없는 빛이든 모두 휘어집니다. 뉴턴의 만유인력 법칙이 질량을 가진 물질들의 운동만을 설명하는 한계를 일반 상대성이론이 뛰어넘은 것이지요.

아인슈타인은 본인의 입으로 "대부분의 과학의 근본적인 아이디어는 본질적으로 단순하고, 아마도 대체로 일반인이 이해하기 쉬운 언어로 표현될 것이다." 하고 말한 바대로, 복잡하기 짝이 없는 공식들이 난무하는 난해한 '상대성이론'도 매우 쉬운 단어와 예를 사용해 일반인이 그 개념을 쉽게 이해할 수 있도록 하는 재주가 있었습니다.

1분간만 뜨거운 난로 위에 손을 얹어봐라. 그러면 한 시간처럼 느낄 것이다. 예쁜 아가씨 옆에 한 시간 동안 있어 봐라. 그러면 1분처럼 느낄 것이다. 그것이 상대성이다.

어떻습니까? 정말 기발한 예라는 생각이 들지 않나요?

아인슈타인은 양자역학과 분자물리학, 천체물리학 등 이론물리학의 발전에 지대한 공헌을 하여, 자연과 우주에 대한 인류의 이해를 한 단계 끌어올리는 역할을 하였습니다. 그는 세계란 본질적으로 이해될 수 있는, 해석될 수 있는 것으로 생각한 것 같습니다.

세계에 관해 가장 이해할 수 없는 것은 바로 그것이 이해 가능하다는 것이다.

상대성이론이나 광전자 효과 이론도 기존의 고전 역학이 세계를 완벽하게 설명해내지 못했기 때문에 세계를 설명할 새로운 이론을 찾고자 하는 시도에서 나온 것이었지요. 자신의 광전자 효과 이론을 토대로 한 양자역학이 '결정론'을 거부하고, '불확정성' 내지는 '불확실성'을 들고나오자 죽을 때까지 양자역학을 부인한 것도 그와 같은 가치관에서 나온 것인지도 모르겠습니다. 양자역학을 부인하면서 아인슈타인이 했던 유명한 말이 있죠. 바로 "신은 주사위 놀이를 하지 않는다(God does not play dice)."입니다. 그러나 자신이 그렇게 부인했는데도 양자역학은 아인슈타인이라는 양분을 먹고 무럭무럭 자라 오늘날 각종 전자제품과 레이저, 광통신, 컴퓨터, 반도체 등 우리 삶 곳곳에 자리하고 있지요.

한 사람의 인간일 뿐

아인슈타인은 현대 물리학에 끼친 지대한 영향으로 20세기 최고의 물리학자로 인정받고 있습니다. 또 아무렇게나 헝클어진 백발의 머리, 한 손에는 파이프를 들고 한 손은 바지 주머니에 대충 넣은 모습, 아이스크림을 먹으며 한가로이 프린스턴대학의 교정을 거니는 모습으로 일반인에게는 과학자의 전형으로도 각인되어 있지요. 그러나 알고 보면, 그만큼 '전형(stereotype)'에서 먼 사람도 없을 듯합니다. 어릴 적에는 독일어를 잘하지 못해 발달장애가 아닐까 하는 의심까지 받았으며, 재수해서 들어간 스위스공과대학에서도 수학과 물리학에 그다지 뛰어난 실력을 보이지 못하여 졸업 후 겨우 특허청에 취직했다고 합니다.

또 "중력은 사랑에 빠지는 것을 책임지지 못한다."며 자유연애를 부르짖으며 여성 편력이 심해 바람둥이로 이름이 난 인물이기도 합니다. 실제로 스위스공과대학 시절에 만나 결혼에 골인한 첫 번째 아내 밀레바 마리치와의 문제는, 단지 일방적으로 아인슈타인이 그녀를 떠났다는 사실뿐 아니라, 수학과 물리학에 뛰어난 재능이 있던 밀레바가 상대성이론에 어떤 식으로든 이바지하지 않았을까 하는 논쟁을 불러일으키기도 했지요. 특히 2006년 초, 캘리포니아공과대학과 프린스턴대학이 아인슈타인의 두 번째 부인이자 사촌인 엘사와 딸 마고로부터 기증받은, 아인슈타인이 친구 및 친지들과 주고받은 편지들을 공개하면서 사생활이 더욱 부각되기도 했습니다. 물론 아인슈타인이 바람둥이인 데다가 아내로부터 심정적이든 이론적이든 도움을 받고도 유명해지자 모르는 척해버린 '나쁜 남자'일지도 모르겠습니다. 하지만 그 편지에서 알게 된 것은 박봉과 경쟁의 스트레스에 시달리는 평범한 직장인의 모습, 멀리 떨어져 지내는 자식을 걱정하는 평범한 아버지의 모습이었습니다. 결국 천재도 우리와 같은 인간이었죠.

알베르트 아인슈타인 Albert Einstein 1879~1955
독일 태생의 미국 이론물리학자. 특수 상대성이론, 일반 상대성이론, 광양자 가설, 브라운운동의 이론과 통일장 이론 등을 발표하였다. 1921년에 광전효과에 관한 공로로 노벨 물리학상을 받았으며, 생전에 300여 편의 논문을 발표하는 등 20세기를 대표하는 과학자다.

오펜하이머 J. Robert Oppenheimer
현대의 프로메테우스

프로메테우스를 아시나요? 그리스신화에 등장하는 인물로 제우스에게서 불을 훔쳐 인간에게 전해준 장본인입니다. 덕분에 인류는 더 발전된 문명의 세계로 나아갈 수 있었죠. 그러나 프로메테우스가 인간 세상에 가져다준 것은 불뿐만이 아닙니다. 불을 훔쳐 달아난 프로메테우스에게 화가 난 제우스가 아리따운 여인 판도라에게 상자를 들려 프로메테우스의 동생인 에피메테우스에게 보냈는데 판도라의 상자를 연 순간, 인간 세상에는 슬픔과 질병, 가난과 전쟁, 증오와 시기 등 온갖 악(惡)으로 가득 차게 됩니다. 결국 프로메테우스는 인류에게 발전이라는 희망과 악이라는 절망을 동시에 전해준 셈입니다. 또 그 대가로 자신은 절벽에 묶인 채 독수리들에게 간을 쪼아 먹히는 고통스럽기 짝이 없는 형벌을 받습니다.

　20세기의 가장 위대하고 복잡하며, 규정지을 수 없는 인물. 큰 키에 비쩍 마른 몸, 지독한 애연가, 대중을 휘어잡는 카리스마 넘치는 눈빛…… 바로 '미국의 프로메테우스'라 불리는 핵물리학자 로버트 오펜하이머입니다. 도대체 왜 사람들은 그에게 미국의 프로메테우스란 별명을 붙여준 것일까요? 미국을 뒤흔든 그리고 더 나아가 20세기의 전 세계를 뒤흔든 소용돌이의 중심에 있었던 그의 삶을 따라가다 보면 그는 왜 프로메테우스가 될 수밖에 없었는지 자연스레 고개를 끄덕이게 될 겁니다. 자, 그럼 시간을 되돌려 1904년으로 가 보겠습니다.

원자폭탄을 개발하다

로버트 오펜하이머는 뉴욕에서 수입업으로 성공한 유대인 가문의 첫째 아들로 태어납니다. 아래로는 후에 역시 영향력 있는 물리학자가 된 동생 프랭크가 있었고요. 하버드대학에서 화학을 전공한 오펜하이머는 유럽으로 건너가 1926년 독일 괴팅겐대학에서 이론물리학을 공부합니다. 그의 지도교수는 1954년에 노벨 물리학상을 받은 막스 보른입니다.

당시 이론물리학 하면 괴팅겐대학이었기 때문에 이후 그곳에는 전 세계 물리학계를 좌지우지할 영향력 있는 인물이 모두 모여 있었습니다. '불확정성 원리'로 1932년 32세의 젊은 나이에 노벨 물리학상을 받은 베르너 하이젠베르크, 인공방사능 연구로 1938년 노벨 물리학상을 받은 페르미 등이 바로 그들이지요.

오펜하이머는 그 후 다시 미국으로 돌아와 캘리포니아공과대학과 UC버클리에서 이론물리학을 연구하고 강의했습니다. "난 친구보다 물리학이 더 필요해." 하고 말할 정도로 물리학에 대한 오펜하이머의 열정은 대단했다고 하죠.

1932년 독일에서 인공적으로 통제된 핵반응이 성공했다는 소식을 접한 아인슈타인이 루스벨트 대통령에게 미국도 원자폭탄을 만들어야 한다는 내용의 편지를 보낸 것이 계기가 되어, 1942년 9월 맨해튼프로젝트가 비밀리에 시작됩니다. 그리고 1942년 6월, 오펜하이머가 맨해튼프로젝트의 연구책임자로 임명됩니다. 컬럼비아대학과 시카고대학에서 이미 사전 연구를 해놓았기 때문에 오펜하이머는 곧바로 뉴멕시코의 로스앨러모스에 연구 기지를 세우고 원자폭탄 제조에 돌입합니다.

맨해튼프로젝트에는 전 세계의 내로라하는 과학자가 대거 참여했습니다. 아마 독일, 일본, 이탈리아를 비롯한 제2차 세계대전 추축국을 제외한 나라의 유명한 물리학자와 화학자는 전부 참가했다고 해도 과언이 아닙니다. 심지어 추축국에서 탈출해 미국으로 망명한 뒤 프로젝트에 참가한 학자도 있습니다. 페르미가 대표적이지요. 또 노벨상의 등용문이기도 했습니다. 에드윈 맥밀런(1951년 화학), 리처드 파인먼(1965년 물리학), 노먼 램지(1989년 물리학) 등이 대표적인

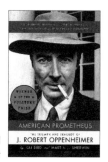

카이 버드, 마틴 셔윈의
오펜하이머 평전 《아메리칸 프로메테우스》

수상자입니다.

드디어 1945년 6월, 뉴멕시코의 사막 한가운데에서 원자폭탄의 첫 시험 폭발이 성공리에 이루어집니다. 그 역사적인 순간을 바라본 오펜하이머의 심정은 과연 어땠을까요?

우리는 이 세상이 이제 예전과 같지 않을 것임을 알았다. 몇몇은 웃을 것이고 몇몇은 울 것이고, 대부분은 반응을 할 수 없을 것이다. 그 순간 나는 힌두 경전인 《바가바드기타》의 구절이 생각났다. 비슈누가 자신은 자신의 임무를 수행해야만 한다며 왕자를 설득한다. 그리고 자신의 여러 개의 팔로 왕자를 누르고는 말한다.

"나는 죽음의 신이요, 세상의 파괴자다."

오펜하이머는 눈앞에서 펼쳐지는 원자폭탄의 위력에 상당히 놀랐습니다. 그리고 이 원자폭탄이 전쟁에 사용될 때 일어날 결과에 대해 우려하였죠. 실제로 히로시마에 원자폭탄을 투하한다는 소식을 듣고는 "구름이 끼거나 흐린 날 원자폭탄을 투하하지 마시오. ……너무 높은 곳에서 폭발시키지 마시오. 그러면 목표물이 엄청난 피해를 보게 될 것이오." 하는 이야기를 했다고 합니다. 마치 깡패가 사람을 때리는데, "그래, 내가 좀 때려 봐서 아는데, 음, 맞으면 많이 아프거든? 그러니까, 웬만하면 살살 때려 줄게." 하고 말하는 듯한 느낌이 들어 기분이 언짢기도 합니다.

그러나 맨해튼프로젝트를 이끈 오펜하이머로서는 그게 자신이 할 수 있는 최선의 선택은 아니지만, 최악은 모면하려는 안간힘이 아니었나 하는 생각도 듭니다. 원자폭탄을 개발하는 데 이미 엄청 난 자본과 인력이 투입되었고, 수많은 인명을 앗아간 전쟁을 그만 종식해야만 한다는 목적이 있었기 때문이지요.

영웅에서 적으로

1945년 8월, 일본에 원자폭탄이 떨어집니다. 결국 전쟁은 끝이 났 지만, 그와 함께 인류의 행복도 끝이 났죠. 예상은 하고 있었지만, 엄청난 위력과 살상에 오펜하이머는 깊은 자괴감에 빠집니다. 하루 아침에 '미국의 영웅'으로, 그리고 '원자폭탄의 아버지'로 언론과 대 중의 스포트라이트를 받았지만 그는 도덕적 책임감에 고통스러워 합니다.

> 우리는 돌연히, 뿌리 깊이, 세계의 본성을 바꾸어버린 끔찍한 무기를 만 들었다. ……그것은 우리가 자란 세계의 모든 기준으로 봤을 때 악 그 자 체이다.

프린스턴고등연구소에서 만난 아인슈타인과 오펜하이머

그러나 자신이 만들어놓은 프랑켄슈타인을 그냥 내버려둘 수만은 없었습니다. 어찌 되었든 새로운 핵 시대는 이미 열렸고, 미국 정부는 이러한 일을 책임질 인물로 당연 오펜하이머를 꼽았습니다. 에너지위원회가 발족되고 위원장에 오펜하이머가 임명됩니다. 그는 이 일을 맡음으로써 이후의 핵 개발을 통제할 수 있을 것으로 생각했고, 각종 토론회 및 회의, 인터뷰, 대중 강연 등 눈코 뜰 새 없이 바쁜 나날을 보냈습니다. 하지만 그 와중에도 원자폭탄 피해자에 대한 죄책감에 항상 시달렸다죠.

한번은 트루먼 대통령과 하는 회견 자리에서 내내 손바닥만 내려다보던 오펜하이머는 이렇게 중얼거렸다고 합니다.

제 손에는 희생자들의 피가 묻어 있습니다.

미국이 원자폭탄을 선점하고 장악했다는 생각에 기뻐하고 있던 트루먼은 그런 오펜하이머를 '울보 과학자'라며 언짢은 심기를 드러냈다고 합니다.

미국의 핵 독점 시대는 그리 오래가지 못했습니다. 소련이 1949년 원자폭탄 개발에 성공했고, 이에 자극받은 미국 정부는 원자폭탄보다 더 강력한 무기인 수소폭탄을 개발하려 합니다. 원자폭탄의 대량 살상력에 치를 떤 수많은 지식인과 과학자는 적극적인 반대를 표명했습니다. 오펜하이머도 가만히 있을 수만은 없었죠. 당연히 자신이 동원할 수 있는 모든 수단을 동원해 수소폭탄의 개발을 막으려 했습니다.

야비함, 유머, 그리고 허풍과 같은 기본적인 감성 속에서도 물리학자는 죄가 무엇인지를 안다. 죄를 안다는 것은 물리학자가 잃어버릴 수 없는 중요한 지식이다.

오펜하이머나 페르미처럼 원자폭탄 개발에 지대한 공헌을 한 과학자가 강한 어조로 수소폭탄 개발을 반대하였습니다. 그러나 미국 정부는 눈 하나 깜짝하지 않았고, 1952년 수소폭탄 개발에 성공합니다. 그리고 곧바로 소련도 1953년 수소폭탄 개발에 성공하죠.

수소폭탄 개발에 반대한 시기와 거의 맞물려 오펜하이머는 에너지위원회에서 추방됩니다. 당시 미국은 매카시즘, 즉 반(反)공산주의 광풍에 휩싸여 좌파적 성향을 띤 인물이나, 그러한 인물과 친분이 있다면 누구나 마녀사냥의 대상이 되었죠. 오펜하이머는 스페인 내전 당시 재산을 공화군과 인민전선 정부를 돕는 일에 쏟아부었으며 첫사랑도, 아내도, 동생도 모두 공산당원이었던지라 매카시즘

히로시마에 떨어진 원자폭탄의 버섯구름

광풍을 피해갈 수 없었습니다.

1953년 그가 청문회에 소환되자 미국 과학계 전체가 분노하고 그의 구명 운동에 앞장섰습니다. 다행히 공직에서 추방당하거나 기소는 피할 수 있었지만, 하루아침에 '미국의 영웅'에서 '미국의 적'으로 추락하는 치욕을 겪어야 했습니다.

1963년이 되어서야 미국 정부는 오펜하이머에게 '페르미상'을 수여함으로써 간접적으로나마 매카시즘 때 행한 잘못을 인정하고 사과하였습니다. 그리고 오펜하이머의 명예도 회복이 되었죠.

과학자는 진정 자유로워야 한다

자, 이제 왜 오펜하이머를 미국의 프로메테우스라고 하는지 다들 이해가 가죠? 그는 핵 개발을 통해 과학 기술을 한 단계 업그레이드시킴으로써 인류에게 새 시대를 열어주었습니다. 그러나 동시에 수많은 사람을 지옥의 고통 속으로 내몰았지요. 그가 뉴멕시코의 사막 한가운데에서 원자폭탄 실험에 성공한 순간 '판도라의 상자'는 열렸습니다. 프로메테우스와 마찬가지로, 그 또한 엄청난 고통에 시달렸습니다. 오펜하이머는 물리학을 파고드는 데 희열을 느껴 자신의 본능에 따라 고민하고 연구하고 실험하였을 뿐 다른 무언가를 바란 것은 아니었을 겁니다. 그는 단지 격동의 20세기를 살았다는 이유만으로 프로메테우스가 될 수밖에 없었지요.

인간이 무엇을 해야 하는지 자유롭게 물을 수만 있다면, 무엇을 생각하느지 자유롭게 말할 수만 있다면, 무엇을 할 것인지 자유롭게 생각할 수만 있다면, 자유는 결코 사라지지 않을 것이다. 또 과학은 결코 후퇴하지 않을 것이다.

자유로운 탐구에 장애물이 있어서는 안 된다. 과학에 독단과 독선이 자리 잡아서도 안 된다. 과학자는 자유로워야 한다. 자유롭게 어떠한 의문이라도 제기할 수 있어야 하고, 어떠한 주장도 의심할 수 있어야 하며, 어떠한 증거라도 찾을 수 있어야 하고, 어떠한 잘못도 바로잡을 수 있어야 한다.

오펜하이머는 과학에서 자유로움을 중시하였습니다. 그것은 신체적·경제적 자유보다 사고의 자유로움을 뜻했습니다. '내 생각만이 옳아' 하는 독단과 독선으로부터 자유롭기, 이는 곧 다른 이의 주장이든 나의 주장이든 의문을 제기하고, 그 의문에 대해 증거를 찾으며, 잘못이 있다면 바로잡을 수 있는 유연한 사고를 말합니다. 과학을 앞으로 나아가게 하는 원동력은 그 어떤 편견이나 독단에도 얽매이지 않은 자유로운 과학자의 사고 그 자체이니까요.

로버트 오펜하이머 J. Robert Oppenheimer 1904~1967
미국의 이론물리학자. 중간자론, 우주선 사워의 기구 및 중성자별 따위를 연구하였으며, 로스앨러모스 국립연구소 소장으로 있으면서 원자폭탄을 개발하는 맨해튼프로젝트를 수행하였으나, 이후 수소폭탄 제조에 반대하다가 모든 공직에서 쫓겨났다.

원자핵의 시대를 개척하다

지구 종말 시계 또는 핵 시계라고도 불리는 '운명의 날 시계'가 2020년 1월 20일, 자정 1분 40초 전까지 앞당겨졌죠. 지구 종말 시계니, 운명의 날 시계니 하는 이름에서 때 아닌 종말론을 예상하는 분들도 있겠지만, 이 시계는 핵무기 보유국의 움직임과 핵실험, 핵무기 협상의 성공과 실패 등 세계 곳곳의 핵 상황을 전문가들이 자세히 고려하여 시각을 결정하는, 핵 위험 정도를 나타내는 시계입니다.

핵전쟁으로 인류가 종말을 맞는 시각을 자정으로 규정하고, 맨 처음 자정 7분 전에서 출발한 후, 미국과 소련이 수소폭탄 실험에 성공했을 때는 자정 2분 전까지 다가갔다가, 미국과 소련이 핵무기 감축에 합의했을 때는 자정 17분 전까지 후퇴하는 등 지금까지 25

지금 이 순간에도 작동하는 '운명의 날 시계'

차례 수정이 되었습니다. 이번 수정은 세계 지도자들이 핵전쟁과 기후 변화의 위협에 대처하는 데 실패함으로써 자정에 가장 근접하고 있습니다.

그럼, 핵 시계는 언제부터 작동하게 되었을까요? 바로 제2차 세계대전이 끝난 직후인 1947년부터입니다. 제2차 세계대전 막바지에 미국이 일본의 히로시마와 나가사키에 원자폭탄을 떨어뜨려 수많은 인명이 살상된 사실을 기억하지요? 그 원자폭탄을 만드는 비밀 프로젝트인 '맨해튼프로젝트'에 참여한 과학자들이 자신들의 잘못을 뉘우치며, 전쟁이 끝난 후 《핵 과학자 회보》라는 격월간 잡지를 내는데, 이 잡지의 표지에 핵 시계를 처음으로 실었습니다. 인류가 핵 때문에 얼마나 종말의 위험에 다가와 있는지를 보여주어 무분별한 핵개발 경쟁을 막아보려는 의도에서입니다.

현대를 살아가는 인간에게 에너지와 폭탄이라는 큰 딜레마를 안겨준 원자력, 이 원자력의 실체를 세상에 드러내놓아 인류를 울고 웃게 한 사람은 도대체 누구일까요? 물론 맨해튼프로젝트에 참여한 모든 과학자가 해당되겠지만, 그중에서도 세계 최초로 원자로를 만들어 핵분열의 연쇄 반응을 일으키는 데 성공한 물리학자 엔리코

유대인 아내 로라를 위해
미국으로 망명해 맨해튼프로젝트에 참여한 페르미

과학자의 명언으로 배우는 교양과학

페르미가 그 선봉에 있습니다.

맨해튼프로젝트에 참여한 과학자 중에는 당시 독일의 나치즘을 피해 미국으로 망명한 유대인이 많습니다. 페르미도 그중 한 명인데, 특이한 점은 정작 자기 자신은 이탈리아인이지만 유대인 아내를 위해 망명을 선택했다는 것이죠. 이들은 제2차 세계대전에서 나치가 승리할 것이 두려워 본인들도 전혀 짐작하지 못한 가공할 위력을 지닌 원자폭탄 개발에 앞장서기도 했지만, 과학이라고 하는 학문에 대한 열정과 호기심에 이끌렸던 것도 있습니다.

> 지식의 진보를 막는 것은 결코 좋은 일이 아니다. (어떤 경우라도) 무지가 지식보다 나을 수는 없다.

페르미온 개념의 도입

페르미는 1901년 9월 29일, 이탈리아 로마에서 태어났습니다. 어려서부터 머리가 비상했고, 특히 수학에 뛰어난 자질을 보여 열 살 때에는 혼자서 원의 방정식을 만들 정도였다고 합니다. 피사의 고등사범학교를 거쳐 피사대학에 진학한 후에는 3학년 때 이미 교수들 앞에서 양자역학을 강의하여 그 실력을 입증받았지요. 1922년 물리학 박사학위를 받고는 이탈리아 정부의 장학금으로 독일 괴팅겐대학과 네덜란드의 라이덴대학에 잠깐 체류하는데, 그때 괴팅겐대학에서 물리학자 막스 보른을 만나 양자역학과 관련한 많은 지식을 얻게 됩니다.

1926년 피렌체대학에 머무는 동안, 페르미는 양자 통계역학의 큰 기둥이 될 '페르미 통계'를 고안해냅니다. 거의 같은 시기에 영국의 물리학자 폴 디랙이 동일한 연구 성과를 내었기 때문에, 일반적으로는 그 둘의 이름을 합쳐 페르미-디랙 통계라고 부릅니다. 페르미-디랙 통계를 간단히 정의하면 다음과 같습니다.

입자통계학의 특수한 경우로, 열역학적 평형 상태에 있는 계에서 에너지 상태에 따라 페르미온의 통계적 분포를 결정한다.

무슨 말인지 도통 모르겠죠? 이런 골치 아픈 이론을 만났을 때에는 발견자가 이 이론을 발견하게 된 계기, 즉 이 이론에 기초가 되었거나 선행한 과학적 이론부터 들추어 나가는 것이 가장 이해하기 쉽습니다.

1924년 오스트리아의 물리학자 볼프강 파울리가 원자에서 방출되는 빛의 유형에 관심을 두고 연구하던 중 원자 내의 전자 배열을 결정하는 법칙을 발견하게 됩니다. 바로 파울리의 배타(排他) 원리(Pauli's principle)죠.

파울리의 배타 원리는 동일한 원자 내에 있는 두 개의 전자가 동일한 순간에는 동일한 상태에 있을 수 없다는 내용입니다. 원자 내 전자의 상태는 보통 주양자수, 자기양자수, 스핀양자수에 따라 결정되는데, 이 원리에 따르면 전자는 모든 양자수가 같은 상태를 취할 수 없으므로 하나의 양자 궤도에는 반대의 스핀을 가지는 두 개의 전자만이 들어가며, 그 밖의 전자에는 준위가 다른 양자 궤도가 할당되어, 전체적으로 껍질구조를 결정하게 됩니다. 후에 전자 외에도 양성자와 중성자, 중성미자, 그리고 이들 입자가 홀수 개와 결합한 복합체가 배타 원리를 따른다는 것이 밝혀졌지요.

일반적으로 반정수의 스핀을 가지는 입자는 모두 이 원리를 따르는데, 이들의 역학적 상태를 결정하는 것이 바로 페르미-디랙 통계입니다. 페르미-디랙 통계가 등장하고 난 후 위에서 언급한 이 통계를 따르는 입자들, 즉 1/2의 홀수배의 각운동량을 가지는 원자 구성 입자들에 페르미온(fermion)이라는 이름이 붙여졌죠. 페르미온의 정의도 한번 짚어보고 넘어갈까요?

페르미온은 분간할 수 없을 정도로 작고, 파울리의 배타 원리에 종속되는 입자이다. 즉, 하나의 입자는 동시에 동일한 양자 상태를 차지할 수 없다.

이 연구 업적으로 페르미는 스물넷이라는 어린 나이에 로마대학 최초의 원자물리학 교수가 되지요.

'원자의 불'을 지피다

1934년에는 퀴리 부부가 최초로 인공 방사능을 만들자 물리학계가 한바탕 떠들썩했습니다. 페르미도 이에 영향을 받아 인공 방사능을 유발할 새로운 방법을 찾는 데 몰두합니다. 그러던 중 중성자와 충돌한 원자핵 사이에 어떤 물질을 두면 중성자의 충돌 속도를 늦출수 있다는 놀라운 사실을 발견합니다. 속도가 감속된 중성자가 원자핵을 지날 때 원자핵은 그 중성자를 잡아당기게 되는데, 중요한 것은 이때 속도를 늦춘 중성자를 충돌시키면 인공 방사능 물질의 방사능이 더욱 커진다는 사실이었습니다.

페르미의 발견은 전 세계적으로 주목을 받았고, 결국 1938년 노벨 물리학상은 '중성자 방사에 의해 새로운 방사능 물질의 존재를 입증하고, 또 그와 관련한 느린 중성자에 의해 야기된 핵반응 발견'의 공로를 인정하여 그전까지 물리학의 불모지라 여겼던 이탈리아의 과학자 페르미에게 돌아갑니다. 당시 유럽은 반유대주의 처벌법 제정 등으로 점점 더 나치즘의 광풍에 휩싸이고 있었습니다. 유대인 아내를 둔 페르미도 안전할 리 없었지요. 페르미는 스톡홀름에서 노벨상을 받은 그 즉시 유대인 아내와 함께 미국으로 망명합니다. 그리고 어렵사리 도착한 미국에서 독일의 한 과학자가 핵분열에 성공했다는 청천벽력 같은 소식을 접하게 되지요.

그는 바로 독일의 화학자 오토 한입니다. 원자핵은 분열해서 안정된 원소가 되려고 할 뿐만 아니라 두 원자핵이 결합해 안정된 핵이 되려는 경향도 있습니다. 작은 원자핵이 결합해서 더 안정된 큰 원자핵으로 변해가는 것을 핵융합이라 하고, 큰 원자핵이 분열해서 작고 안정된 원자핵으로 변환되는 것을 핵분열이라고 하지요. 이때는 대개 반응에 참여하는 물질과 생성 물질의 질량 사이에 차이가 나는데, 이 차이에 해당하는 질량이 에너지로 변환되어 방출되는 것입니다. 오토 한은 중성자를 흡수한 우라늄에 바륨을 첨가한 후 분리하면 바륨이 방사능을 띤다는 것을 발견했습니다. 이것이 곧 핵분열입니다.

독일이 세계 최초로 핵분열에 성공했다는 소식은 전 세계 과학자들, 특히 나치즘을 피해 미국으로 망명한 물리학자들을 긴장시켰습니다. 결국 1942년 12월 6일, 미국의 루스벨트 대통령이 20억 달러가 소요되는 맨해튼프로젝트를 승인하면서 원자폭탄 개발에 속도가 붙었습니다. 엄밀히 보면 원자폭탄을 만드는 계획은 페르미가 성공한 원자핵분열 제어를 대규모화한 것입니다.

1942년 3월, 미국 정부는 핵의 연쇄 반응에 관한 연구를 '야금 연구소'라는 암호명 아래 통합했고 시카고대학에서 비밀리에 연구가 진행되었습니다. 그리고 페르미가 최초의 원자로로 일컫는 '시카고파일 1호기(CP-1)'를 시카고대학 축구장 관람석 아래 스쿼시 경기장에 설치했지요. 정제한 흑연 400톤과 산화우라늄 40톤, 우라늄 6톤을 쌓아올렸습니다. 그리고 9개월이 흐른 12월 2일 오후 2시 20분, 페르미는 비로소 핵분열의 연쇄반응을 지켜볼 수 있었습니다. 그것은 인류가 새롭게 얻은 에너지원이자 인류 역사상 최초로 점화한 '원자의 불'이었죠.

페르미가 최초로 만든 '시카고파일 1호기(CP-1)' 원자로

재앙을 막아야 한다

하지만 맨해튼프로젝트의 결과로 만든 핵폭탄이 일본에 투하되어 참혹한 결과를 빚자 페르미는 커다란 정신적 충격에 휩싸입니다. 그리고 그 후 수소폭탄을 개발하려는 움직임에 적극적으로 반대를 표명하지요.

> 이와 같은 무기는 군사적 목적을 훨씬 넘어 중대한 자연 재앙으로 이어질 수 있다. (수소폭탄의) 성질로 보건대, 이는 군사적 목적에만 국한되는 것이 아니라 실질적인 효과에서는 인류를 말살하는 무기가 될 수 있다.
> 이런 무기의 사용은 인간의 개인과 존엄성이라는 윤리적 면에서 볼 때 결코 정당화될 수 없으며, 비록 적국 사람이라고 해도 이런 무기의 사용은 결코 정당화될 수 없다.

페르미는 이론물리학과 입자물리학에 걸쳐 왕성한 연구 활동을 펼쳐, 양자역학과 입자물리학, 통계역학 등 현대 물리학의 많은 분야에 지대한 영향을 끼쳤습니다. 특히 원자력 분야에 대한 그의 공이 인정되어 페르미가 세상을 떠난 후 미국 에너지국은 국립가속기연구소를 페르미국립가속기연구소로 바꾸고, 페르미상을 제정하는 등 그를 기리기 위한 많은 노력을 하였습니다.

페르미상은 에너지 분야에 평생 헌신한 사람에게 수여하는 상으로 정부가 제정한 가장 오래된 과학상 중 하나입니다. 지난 2006년에는 페르미의 시카고대학 시절 마지막 석사 학생인 물리학자 아서

로젠펠트가 각종 가전제품과 에어컨 시스템, 건물 등에서의 에너지 효율성을 높이는 데 기여한 공로로 페르미상을 받아 페르미의 영향력을 다시 한번 더 전 세계에 상기시키기도 했지요. 그 덕분에 바늘이 돌아가기 시작한 핵 시계가 조금 더 앞당겨진 시점에, 그의 제자가 환경을 개선하는 데 이바지한 공로로 그의 이름을 딴 상을 받았으니, 참 세상은 아이러니로 가득 차 있지 않나요?

엔리코 페르미 Enrico Fermi 1901~1954
이탈리아 태생의 미국 원자물리학자. 전자에 관한 새로운 통계법을 창안하고, 세계 최초로 원자로를 건설하였으며 원자폭탄을 개발하는 맨해튼프로젝트에 참가했다. 1938년 40여 종의 새로운 동위원소를 만들고, 열중성자를 발견한 공로로 노벨 물리학상을 수상했다.

방사능으로 인류에 헌신하다

매년 10월이 되면 북유럽의 아름답고 고즈넉한 도시 스톡홀름으로 전 세계의 이목이 집중됩니다. 세계에서 가장 권위 있는 상인 노벨상 수상자를 발표하기 때문입니다. 다이너마이트 발명으로 거부가 된 스웨덴의 화학자 알프레드 노벨의 유언에 따라 '인류에게 최고로 공헌한 사람들에게 수여하도록' 되어 있는 노벨상은 1901년 처음으로 수상자를 배출한 이후 2019년까지 경제학, 물리학, 화학, 의학, 문학, 평화의 여섯 분야에서 950명에 이르는 수상자를 배출하였습니다. 아무래도 국제적으로 권위가 있다 보니 매년 수상자가 발표되고 나면 나라별, 인종별, 성별 등 역대 수상자 분석으로 한바탕 시끌벅적한 상태가 지속되기도 합니다. 우리나라도 이웃한 나라에서 수상자가 배출되거나, 이번에는 꼭 수상하리라 기대했던 인물이 수상을 하지 못한 경우, 언론과 학계가 합심하여 분개하기도 반성하기도 합니다.

이 노벨상 수상자 중에서 특히나 흥미로운 인물이 있습니다. 남들은 한 번 타기도 힘든 상을 남편과 함께, 그리고 홀로 두 번이나 탔으며, 심지어 딸과 사위도 상을 받은 마리 퀴리입니다. 또 다른 의미에서도 마리 퀴리는 노벨상과 특별한 인연이 있습니다.

나는 노벨처럼 생각하는 사람이다. 인간은 새로운 발견을 통해 악보다 선을 얻을 수 있다.

처음에 노벨은 다이너마이트가 노동력을 덜어주어 인류에게 도움이 될 것이라 생각했습니다. 그러나 결과는 정반대였죠? 대량살상 무기로 쓰이며 인류에게 해를 끼치는 악의 화신이 된 것입니다. 자신이 의도한 바와 전혀 다른 결과에 매우 고통스러웠던 노벨은 자신의 죗값을 치르는 의미에서 노벨상을 제정합니다.

마리 퀴리도 그랬습니다. 그녀는 남편인 피에르 퀴리와 함께 발견한 방사성 원소인 라듐이 인류의 행복에 기여할 것이라 생각했습니다. 단 다이너마이트처럼 잘못 쓰일 경우 인류에게 큰 해를 끼칠 수도 있는 위험한 물질이기도 했죠. 실제로 퀴리가 원자폭탄 시대

남편 피에르 퀴리와 함께
노벨 물리학상을 수상한 마리 퀴리

를 연 장본인이기도 합니다. 그러나 과학 지식이 잘못 사용될 걱정이 앞서, 애초에 과학적 발견 자체를 시도조차 하지 않는다거나 묻어버려서는 안 됩니다. 자신의 발견에 책임을 지고 오용되지 않도록 애쓰는 인간다움을 마음에 품은 과학자들이 있는 한 과학적 발견을 통해 얻어지는 선이 악보다는 더 많을 것이 확실하기 때문입니다.

새로운 기쁨을 찾아서

나의 전 생애 동안, 자연의 새로운 모습을 발견할 때마다 어린아이처럼 기뻤다. 내가 보고 배운 모든 것은 새로운 기쁨이었다. 과학의 세계, 그것은 나에게 열린 새로운 세상이었고 나는 결국 모든 자유 속에서 그것을 알 수 있는 기회를 얻었다.

각계각층에서 여성들이 활발하게 활동하고 있고, 성적 불평등이 예전에 비하면 많이 해소되었다고는 하지만, 아직까지도 과학계는 여성이 들어가기에는 매우 어려운 철옹성입니다. 물론 우리의 어머

앞면에는 마리 퀴리가
뒷면에는 방사성 원소가 그려진 폴란드 화폐

니, 그리고 어머니의 어머니들이 온힘을 다해 장벽을 허물어뜨리려는 노력을 멈추지 않았기에 곳곳엔 조그만 틈들이 생겨났고, 지금도 계속해서 생겨나고 있습니다. 마리 퀴리도 그 어머니 중의 하나입니다.

1867년 폴란드의 수도 바르샤바에서 태어난 마리아 스클로도프스카(나중에 파리로 건너가서 마리아를 프랑스어 발음으로 마리로 바꿨으며 결혼 후 남편의 성을 따라 마리 퀴리가 되죠)는 물리학과 수학을 가르치는 아버지의 영향 탓에 자연현상을 관찰하고 탐구하는 것에 관심이 많았습니다.

열다섯 살이라는 어린 나이에 고등학교를 우등으로 졸업할 정도로 똑똑한 학생이었지만 당시 대학은 여성의 입학을 허용하지 않았기에 퀴리는 진학할 수 없었죠. 게다가 폴란드를 지배하고 있던 러시아 제국이 폴란드인은 실험 과학을 배울 수 없도록 규제하였으므로 정규적인 실험 과학 교육을 받을 수 있는 길은 모두 막혀 있었습니다. 퀴리는 가정교사 일을 하며 남는 시간에 수많은 책을 읽으며 여러 주제에 빠져들었습니다. 그리고 물리학과 수학, 화학에 소질이 있다는 사실을 깨달았죠. 천운으로 설탕 공장에 있던 한 화학자가 그녀에게 비밀리에 실험 과학 수업을 받게 해주었고, 비슷한 시기에 학문을 하고자 하는 열정으로 똘똘 뭉친 젊은이들의 모임을 알게 되어 공부를 계속할 수 있었습니다.

다른 교육의 기회가 내게 찾아왔다. 바르샤바의 젊은 남성과 여성으로 구성된 이 열성적인 그룹은 단순히 학문을 하려는 열정으로 똘똘 뭉쳤으나 동시에 사회적인 활동과 애국적인 활동을 펼치기도 했다. 이들은 나라의 지적·도덕적 힘을 기르려는 노력에서 조국의 희망이 있을 거라고, 그리고 결국에는 그러한 노력이 조국을 더 좋게 만들 거라고 믿는 폴란드의 젊은이들이었다.

–마리 퀴리의 자전적 노트에서

퀴리는 굉장한 애국자였다고 합니다. 그녀의 아버지는 열렬한 애국심으로 인해 정규 교사 자리에서 쫓겨날 정도였다고 하니, 뭐, 그 아버지의 그 딸은 말할 필요도 없겠죠. 나중에 남편과 함께 발견한 두 개의 방사성 원소 중 하나의 이름을 조국 폴란드의 이름을 따 폴로늄이라고 붙인 것으로도 그녀의 애국심을 확인할 수 있습니다.

그러나 이러한 단체는 러시아 경찰의 집중적인 단속 대상이었기 때문에 수업은 경찰의 단속을 피하기 위해 주로 밤에 했으며, 장소 또한 주기적으로 바꿔야 했습니다. 그러다 보니 제대로 된 교육을 받기에는 부족하여 결국 학문에 목말라하던 퀴리는 전문적인 교육

두 딸과 함께한 마리 퀴리

을 받을 수 있는 서유럽으로 가기로 결정합니다.

한계를 넘어서 물리학에 빠지다

퀴리는 1891년 가을, 파리로 떠나는 기차에 오릅니다.

> 그 이전에 내게 이만큼 좋은 시절은 없었다. 어떠한 외부 조건에 방해받
> 지 않고 완전히 배움과 이해의 기쁨에 빠져들었다. 그러나 모든 것, 생
> 활하는 여건은 좋지 않았으며 내가 가진 돈은 적었고 도움을 주던 가족
> 도 내게 그렇게 해줄 방법이 없었다.

퀴리는 소르본대학에 등록해 그토록 원하던 물리학과 수학을 배
우게 됩니다. 그러나 폴란드에서 가정교사를 하며 번 돈으로는 학
비와 책값 그리고 최소한의 생활비도 빠듯했고, 특히나 조언을 아
끼지 않고 힘을 북돋워주던 가족이 곁에 없다는 사실이 그녀를 힘
들게 했습니다. 그리고 정규 교육 과정을 이수한 적이 없었기 때문
에 학교 수업에 맞춰 학업을 따라가는 것 자체가 매우 힘들었죠.

그러나 퀴리는 낮과 밤이 바뀌는 줄도 모르고, 밥 먹는 것조차 잊
을 정도로 학업에 매진하여, 결국 3년 만에 학위를 이수합니다. 과
학은 그녀에게 새로운 세상으로 나가는 문을 열어주었고 그녀는 그
문으로 당당히 걸어나갔습니다.

당시의 연구 조건은 현재로서는 상상하기 힘들 정도로 매우 열악
했습니다. 연구할 기금은 있으나 장소, 즉 실험실이 없었습니다. 퀴

리는 1895년 교수인 피에르 퀴리와 결혼하여 그의 실험실에서 아내로서, 그리고 연구 동료로서 함께 일합니다. 그리고 퀴리 부부에게 노벨상을 안겨줄 라듐을 발견하였죠. 이들에게 정열과 끈기, 강렬한 과학적 호기심이 없었더라면 아마도 방사성 원소의 발견은 몇 년, 어쩌면 몇십 년 후로 미뤄졌을지도 모릅니다.

사회적 여건 또한 여성 과학자인 퀴리에게 불리하기 짝이 없었죠. 프랑스과학 아카데미는 퀴리가 1903년과 1911년 두 번이나 노벨상을 수상했는데도, 1923년이나 되어서야 회원 자격을 주었다고 합니다.

가장 먼저 자신을 향상시켜라

개인의 처지를 향상시키지 않고서 더 나은 세상을 만들겠다는 희망을 가질 수는 없다. 그러한 목적을 위해 우리는 우선 자신을 향상하기 위해 일해야 한다. 그리고 우리를 필요로 하는 사람을 도와야 하는 특별한 의무, 즉 모든 인간을 위한 일반적인 책임감을 공유해야 한다.

마리 퀴리가 바르샤바에서 경찰의 눈을 피해 젊은이들과 학구열을 불태우던 시절을 회상하며 쓴 글입니다. 러시아 압제라는 정치적 불안, 넉넉하지 못한 경제적 여건, 여성이라는 편견…… 이 모든 것을 넘어서기 위해 퀴리는 희망을 갖고 끊임없이 노력하였습니다. 러시아로부터 조국 폴란드의 해방, 경제적인 상황에 구애받지 않을 수 있는 연구 환경, 여성과 남성이 평등하게 과학을 연구할 수 있는 사회를 위해 퀴리는 먼저 자신을 키웠습니다. 가장 쉬우면서도 가장 어려운 일, 그건 바로 자신을 키우는 것 아닐까요?

마리 퀴리 Marie Curie 1867~1934
폴란드 태생의 프랑스 물리학자·화학자. 남편 피에르 퀴리와 함께 라듐과 폴로늄을 발견하여 1903년에 노벨 물리학상을 받았다. 남편이 죽은 뒤 순수한 금속 라듐 분리에 성공하여 1911년 노벨 화학상을 수상함으로써 여성 최초로 물리학상과 화학상을 동시에 받은 유일한 인물이다.

맥스웰James Clerk Maxwell
전기와 자기를 통합한 현대 물리학의 선구자

밤하늘에 빛나는 수많은 천체 중 가장 아름답기로 이름난 별은 바로 토성입니다. 태양계에서 목성 다음으로 큰 몸집을 자랑하는 데다 커다란 원반형의 고리와 은은한 황색 빛이 어우러져 보는 이의 두 눈을 단박에 사로잡아버리고 말죠. 특히 맨눈으로는 잘 보이지 않지만, 천체망원경으로 토성을 들여다본 사람이라면 너나 할 것 없이 신비스럽고 아름다운 고리의 마력에 넋을 잃을 정도라고 합니다. 이토록 매력적인 행성을 사람들이 그냥 두고 봤을 리 없겠죠?

천체망원경이 본격적으로 등장하기 시작한 17세기에 이르러 갈릴레이를 비롯한 많은 과학자가 토성을 관찰하고 기록을 남겼습니

전자기학의 수학적 기초를 마련한 맥스웰

제임스 맥스웰   **159**

다. 토성의 고리를 처음으로 관찰한 사람은 17세기 과학자 호이겐스입니다. 그 후로 이 고리가 무엇으로 구성되어 있는지에 사람들의 관심이 집중되었고, 대부분의 과학자는 단단한 물질로 이루어진 원반일 것으로 추측했습니다.

그러나 19세기 중반 한 과학자가 토성의 고리는 수많은 작은 입자로 이루어져 있으며 지구에서 볼 때에는 거리가 너무 멀어 원반처럼 보인다는 가설을 제기합니다. 그는 만일 토성의 고리가 단단한 물질로 이루어져 있다면 토성의 밀고 당기는 힘 때문에 고리는 벌써 깨어져버렸을 거라는 점을 이론적으로 증명해보였죠. 이 사실은 100여 년이 지나 1977년에 목성과 토성, 천왕성, 해왕성 등을 탐사할 목적으로 발사된 보이저호에 의해 확인이 되었습니다.

보이저호가 발사되기 정확히 120년 전인 1857년에 토성의 고리 구조를 수학적으로 예측해낸 인물이 바로 스코틀랜드 출신의 수학자이자 이론물리학자 제임스 클러크 맥스웰입니다. 맥스웰은 〈토성 고리의 안정성에 대하여〉라는 논문에서 토성의 고리가 매우 조그만 입자로 구성되어 있을 경우에만 안정된 구조를 보임을 주장했습니다. 이 논문으로 케임브리지대학에서 수학자에게 수여하는 상인 애덤스상을 받게 됩니다. 물론 맥스웰이 남긴 다른 위대한 업적에 비하면 토성 고리에 관한 연구는 아무것도 아닙니다. 하지만 맥스웰은 이 논문으로 학계에서의 평판을 확고히 다졌을 뿐만 아니라 기체운동론의 기초가 되는 많은 수의 입자로 이루어진 계의 운동에 대해 관심을 갖게 되고 훗날 '맥스웰-볼츠만 분포'를 도출하기에 이르죠.

양자물리학의 대부

맥스웰이라는 이름을 듣고는 "도대체 이 사람이 누구야?" 하는 분들이 많을 거라 짐작됩니다. 동일한 이름의 커피 상표명을 떠올리며 "뭐지? 커피를 만든 사람인가?" 하고 생각하시는 분도 계시겠죠? 사실 맥스웰은 물리학자 사이에서 현대 물리학에 가장 큰 영향력을 끼친 19세기 물리학자로 여겨질 정도로 많은 업적을 남긴 위인이지만, 그가 다룬 분야가 물리학 전공자도 까다로워하는 전자기학과 통계역학 같은 어려운 분야이다 보니 일반에는 거의 알려지지 않았습니다.

1931년, 맥스웰 탄생 100주년 기념행사에서 아인슈타인은 이렇게 말했습니다.

맥스웰이 남긴 업적은 뉴턴 시대 이후 물리학이 경험한 것 가운데 가장 심오하고 알찬 업적이다. ……맥스웰 덕분에 과학의 한 시대가 끝나고 새로운 시대가 열렸다.

1869년 아내 캐서린과 함께한 맥스웰

이에 질세라 플랑크도 "인간의 지적 탐구의 가장 큰 승리"라고 맥스웰의 업적을 칭송하고 나섭니다.

이쯤 되면, 도대체 맥스웰이 무슨 일을 했기에 세기의 물리학자들이 앞다투어 나서서 그의 업적을 저렇게나 표 나게 찬양 일색으로 칭찬하는 것일까, 의문이 나기도 할 텐데, 물리학에 조금이나마 관심이 있는 분이라면 아마 눈치를 조금은 챘을 겁니다. 힌트는 바로 아인슈타인과 플랑크가 둘 다 양자물리학에 적(籍)을 둔 과학자라는 것입니다. 그렇다면 맥스웰의 업적이 양자물리학에 어떤 식으로든 공헌을 했으리라는 추측이 되죠? 맥스웰의 업적을 누구보다 잘 설명한 사람은 바로 양자 전기역학을 정식화한 공로로 1965년에 노벨 물리학상을 받은 리처드 파인먼입니다. 현대 물리학 교과서의 기본인《파인먼 물리학 강의》에서 맥스웰의 업적이 가장 잘 요약되어 있습니다.

19세기 물리학에서 가장 중요한 발전은, 아마도 1860년대 맥스웰이 빛의 행동에 대한 법칙과 함께 전기와 자기의 법칙을 하나로 합침으로써 일어났다. 그 결과, 빛의 성질이 부분적으로 규명되었다. 그것은 매우 오래되고 난해한 문제로 너무나 중요하고 신비롭기 때문에 〈창세기〉를 쓸 때 특별한 참조를 마련했어야 할 정도. 아마도 자신의 발견을 마무리 지었을 때 맥스웰은 이렇게 외쳤을 것이다.

"전기와 자기를 있게 하라. 그러면 빛이 있을 것이다!"

전자기파의 발견

맥스웰은 그전까지 서로 따로 놀던 전기와 자기를 측정 가능한 단일한 힘으로 합쳐 전기학과 자기학을 하나의 통합된 법칙으로 표현했습니다. 바로 유명한 전자기장의 기초 방정식인 맥스웰 방정식이며 이를 통해 전자기파의 존재가 이론적으로 증명되었습니다.

맥스웰 이전에도 전기와 자기에 대해서 광범위한 연구가 되고 있었습니다. 프랑스의 물리학자이자 수학자인 앙페르가 전류와 자기장의 관계를 규명했으며, 영국의 화학자이자 물리학자 패러데이는 자기장 변화로 전압이 유도되어 전류가 흐르는 현상인 전자기 유도와 전기 분해를 발견했습니다. 각각 발견자의 이름을 따 앙페르의 법칙과 패러데이의 법칙으로 불리며 물리학자들 사이에 널리 알려졌지요. 그러나 그 어느 누구도 전기와 자기라는 두 개의 현상을 하나로 통합하는 데에는 실마리조차 찾지 못했습니다. 이때 맥스웰이 기존 연구를 확장하여 수학적으로 수식화함으로써 두 현상을 통합할 수 있는 미분방정식을 유도해냈습니다.

어릴 적부터 뉴턴을 비롯한 선배 과학자들이 쓴 수많은 물리학과 수학 고전을 섭렵하며 이론적 기반을 탄탄히 했던 맥스웰로서는 여러 선배가 이루어놓은 업적을 바탕으로 수식을 만들어내는 것은 그

수많은 작은 입자로 이루어져 있는 토성의 고리

리 어려운 일이 아니었을 것 같습니다. 실제로 열네 살 나이에 달걀 꼴 곡선(oval curve)에 관한 논문을 왕립학회에서 발표하여 그 자리에 모인 수학자들을 깜짝 놀라게 할 정도로 뛰어난 수학 실력을 자랑했다고 하죠.

맥스웰 방정식은 앙페르의 법칙과 패러데이의 법칙, 가우스의 법칙, 자기장에 대한 가우스의 법칙 등 전자기학의 네 개 법칙을 기반으로 만들어졌습니다. 이 방정식의 해가 나타내는 파동이 바로 '전자기파'지요. 그의 연구는 후일 독일의 천재 물리학자 하인리히 헤르츠의 실험으로 입증이 됩니다. 이는 20세기 들어 라디오와 텔레비전, 휴대전화, 인터넷 등 전자통신 기술이 발달하는 데 근간이 되었죠.

맥스웰은 맥스웰 방정식으로 전자기파의 행동 특성을 완벽하게 수식화하여 각종 전자파의 해석을 가능하게 했습니다. 맥스웰은 여기서 더 나아가 전파 속도와 빛의 속도가 같고, 전자기파가 횡파라는 사실을 밝힘으로써 빛이 전자기파라는 가설을 세웁니다. 이는 결국 빛이란 역학적인 현상이 아닌 전자기 현상이라는 것을 보여, 빛의 성질을 규명하는 데 도움을 주었으며 아인슈타인의 특수 상대성이론과 양자역학에 기초를 제공함으로써 현대 물리학의 싹을 틔웠습니다.

맥스웰은 1864년 맥스웰 방정식을 기술한 〈전자기장의 동역학적 이론〉이라는 논문에서 빛이 전자기파라는 대담한 가설을 제시합니다.

이 결과의 부합은 빛과 자기장이 동일한 성질을 지니며, 또한 빛이 전자기 법칙이 적용되는 장을 따라 퍼져나가는 전자기적 교란이라는 것을 보여준다.

여기서 결과의 부합이란 맥스웰 법칙에 의해 유도된 전자기파의 속도와 빛의 속도, 즉 광속이 같다는 것을 말합니다.

통계역학의 출발, 결정론의 폐기

맥스웰은 또 기체의 역학적 이론을 표현한 통계적 수단인 맥스웰 분포를 만들었습니다. 맥스웰 분포는 후에 볼츠만이 일반화하여 맥스웰-볼츠만 분포로 알려지게 되지요. 맥스웰-볼츠만 분포는 기체 분자의 속도가 어떻게 분포되어 있는지를 계산한 공식으로, 당시 과학자들 사이에 정설로 여겨지고 있던 기체 분자 속도는 언제나 동일하다는 관념을 깨고 기체 분자들은 통계학적인 분포에 따라서 운동을 한다는 주장을 담고 있습니다. 기체가 다수의 분자로 이루어졌다고 하고 분자 하나하나의 역학적인 운동을 토대로 기체의 열적 성질이나 점성, 확산 등의 거시적 성질을 설명하는 이론인 기체 분자 운동론에 매우 중요한 기여를 하였으며, 또한 통계역학이 시작된 동기가 되었습니다.

통계역학은 수없이 많은 입자, 즉 원자와 분자 등으로 이루어진 계(system)를 대상으로 하는 학문으로, 미시 세계인 입자들 사이에서 벌어지는 역학에 근거하여 통계적으로 거시적 세계의 법칙을 이

끌어내는 이론을 말합니다. 통계역학의 특수한 경우가 바로 열역학이죠. 통계역학은 인식론에서도 커다란 변혁을 가져옵니다. 뉴턴이래 철옹성처럼 이 세계를 에워싸고 있던 인간의 행위를 포함하여 이 세상 모든 일은 그 일이 일어나는 때와 장소가 미리 정해져 있다고 생각하는 결정론(determinism)이 한순간에 공격을 받게 된 것이지요.

하지만 맥스웰은 결정론과 대립선상에 있는 비결정론(indeterminism)을 받아들인 것이 아니었습니다. 일어날 수 있는 확률만이 결정되어 있다고 하는 '확률론적 결정론'을 받아들였죠. "이 세상의 진정한 논리는 확률의 계산에 있다."고 한 그의 말에서 짐작할 수 있듯이 말입니다. 글쎄요. 여러분 생각은 어떠한지요? 정말 세상은, 인간의 운명은 이미 결정이 되어 있는 것일까요? 아니면 인간의 자유의지에 따라 그 결과가 달라지는 걸까요? 그것도 아니면, 맥스웰의 생각대로 일어날 수 있는 확률만이 이미 결정이 되어 있는 것일까요?

제임스 맥스웰 James Clerk Maxwell 1831~1879
영국의 물리학자·수학자. 패러데이의 전자기 장 연구를 기초로 하여 전기와 자기를 단일한 힘으로 통합하는 전자기학을 수학적 이론(맥스웰 방정식)으로 체계화하였으며, 토성의 고리에 관한 이론, 색채론 등의 분야에서도 공헌을 하였다.

불연속성을 가진 미시세계를 들여다보다

알렉산더 그레이엄 벨, 루이 파스퇴르, 엔리코 페르미, 막스 플랑크, 이들의 공통점을 알고 있나요? 남자? 네, 그건 너무 쉬운 거고요. 위대한 과학자? 네, 그것도 역시 그리 어렵진 않습니다. 노벨상 수상자? 그건 틀렸네요. 페르미와 플랑크는 각각 1938년과 1918년에 노벨 물리학상을 수상했지만, 벨과 파스퇴르는 노벨상을 수상한바가 없습니다. 좀 어려운가요? 음, 자세히 보면, 왠지 어디선가 많이 들어본 듯한 이름들일 겁니다. 벨, 파스퇴르, 페르미, 플랑크…… 맞습니다. 바로 그들의 이름을 딴 세계적인 연구소가 있다는 거지요.

이 중에서도 가장 영향력 있는 연구소는 단연 막스플랑크재단일 겁니다. 이 재단은 산하에 총 81개의 연구소를 거느리고 있어 규모만 따져도 가히 세계 최대라 할 만합니다. 연구 분야는 생물학, 의학, 화학, 물리학 등의 자연과학부터 철학, 심리학 등의 인문학까지 기초학문의 대부분을 망라합니다. '응용학문을 하기에 앞서 기초학문을 먼저 갈고닦는다.' 이것은 막스 플랑크의 신념이자 이 연구소의 사명이기도 한데요. 실제 막스플랑크재단 웹사이트에 들어가보면, 연구소의 임무를 소개하는 화면에 당당히 막스 플랑크가 한 말이 적혀 있습니다.

통찰은 적용에 앞서야 한다.

2014년 초고해상도 광학현미경을 개발한 막스플랑크 생물물리화학연구소의 스테판 헬 박사가 노벨 화학상을 수상하면서, 연구소 설립 이래 총 18명의 노벨상 수상자를 배출하는 기염을 토하기도 했습니다. 막스플랑크재단의 전신인 카이저빌헬름재단에서 배출한 15명의 수상자까지 합하면 총 33명으로 이 또한 세계 최고 기록입니다. 후발 주자인 파스퇴르연구소가 이제껏 배출한 노벨상 수상자 수가 고작 10명인 것만 봐도 막스플랑크재단의 저력이 얼마나 큰지를 새삼 알 수 있습니다. 그럼, 오늘날 세계 최고의 연구소로 자리매김하고 있는 이 연구소의 얼굴, 막스 플랑크 또한 그에 걸맞은 명성을 갖고 있는지, 도대체 어떤 인물인지 궁금해지지 않을 수 없네요.

MAX-PLANCK-GESELLSCHAFT

세계에서 가장 영향력 있는
연구소 중 하나인 막스플랑크재단 로고

새로운 물리학의 신호탄

새로운 세기에 처음으로 맞는 크리스마스의 들뜬 분위기가 전 세계를 휘감고 있던 1900년 12월 14일, 독일 베를린에서는 물리학회 회의가 열리고 있었습니다. 무언가 달라지지 않을까 하는 우려 반 기대 반 속에 새로운 세기를 맞았지만, 1900년 한 해 동안 그다지 새로운 일은 일어나지 않았습니다. 게다가 물리학은 거의 모든 것이 밝혀져 있어서 새로운 것이라고 해봤자 기존에 존재하고 있는 이론의 사이사이를 메우는 정도에 불과하다는 게 학계의 전반적인 분위기였습니다. 힘에 관한 세 가지 법칙과 만유인력의 법칙을 근간으로 마련된 17세기 뉴턴의 고전 물리학이 발전에 발전을 거듭하면서 19세기에 이르러서는 거의 확고부동의 위치를 차지하고 있었거든요.

그러던 차에, 20세기에 걸맞은 정말 새로운 것을 들고 나온 이가 있었으니 그가 바로 막스 플랑크입니다. 물리학회 회의에서 전자기파가 '연속된 파동'이라는 기존 학설을 뒤엎고 '서로 구별되는 불연속적인 덩어리들의 집합체'라는 새로운 이론을 제시해 그 자리에 앉아 있던 사람은 물론 전 세계를 깜짝 놀라게 했답니다. 고전 물리학에서 물리적 현상의 연속성이란 전혀 의심의 대상이 아니었습니다. 그러니 전자기파도 당연히 연속된 파동이어야 했지요. 이러한 때에 짠짝 하고 나타난 전자기파가 불연속적이라는 주장은 가히 영원불변할 것만 같던 고전 물리학을 역사의 뒤안길로 몰아내고 새로운 물리학, 즉 현대 물리학의 시작을 알리는 신호탄이나 다름없었죠.

우리는 어떤 물리학적 법칙이 존재한다고 주장할 권한이 없다. 설사 이제까지 존재한 법칙이라도 그 법칙이 미래에도 계속해서 존재할 것이라고 주장할 권리가 없다.

이 글은 막스 플랑크가 1931년에 출간한 《현대 물리학의 빛 속의 우주》에 나오는 문구입니다. 막스 플랑크 본인은 정작 고전 물리학을 지지했으며, 새로운 패러다임을 제시할 생각이 전혀 없었다고 합니다. 아니, 물리학회 회의에서 발표할 당시만 해도 자신이 고전 물리학을 뒤흔들 '혁명'을 일으키고 있다는 사실을 꿈에도 생각하지 못했습니다. 그러나 결국 고전 물리학을 뒤로 한 채, 현대 물리학의 세기는 밝고야 말았습니다. 시간이 흐른 뒤에야 그는 깨달았던 것 같습니다. 영원한 것은 없다는 사실을, 다른 사람도 아닌 본인이 전 세계에 일깨웠다는 것을 말입니다.

과학을 믿다

막스 플랑크는 1858년 4월 23일, 독일 북부에 있는 항구 도시 킬에

양자물리학의 새로운 장을 연 막스 플랑크

과학자의 명언으로 배우는 교양과학

서 태어났습니다. 1874년 뮌헨의 막시밀리안 김나지움을 졸업한 그는 학창 시절 부지런하고 성실했지만 특출하거나 월등한 학생은 아니었다고 합니다. 한마디로 타고난 천재는 아니었다는 얘기지요. 그러나 그는 과학, 역사, 음악 등 모든 과목을 골고루 잘했으며, 신학자, 법률가 집안 출신답게 책임감이 강하며 고집이 세고 다소 보수적인 인물이었다고 합니다.

뮌헨대학 철학부에서 공부를 시작한 플랑크는 1878년 베를린으로 건너가 물리학을 배우기로 합니다. 당시 물리학은 이미 완성 단계에 접어들어 더 이상 새로운 발견이 나오지 않을 것이라는 학계의 분위기나 집안의 분위기를 미루어볼 때, 플랑크에게 과학에 대한 굳은 신념이 없었더라면 물리학을 공부하겠다는 결정을 내리기가 매우 힘들지 않았을까 하는 생각이 듭니다.

어떤 종류건 과학적인 일에 깊이 연관되어 본 사람이라면 과학의 사원으로 들어가는 입구에 이러한 문구가 씌어져 있다는 사실을 깨달을 것이다. 신념을 가져라. 이것은 과학자라면 없어서는 안 될 자질이다.

양자를 도입해 열역학을 명쾌하게 설명하다

과학에 대한 신념을 가지고 물리학 연구에 매진했던 플랑크는 1879년 6월, 〈열역학 제2법칙에 관하여〉라는 논문으로 뮌헨대학에서 최우등으로 박사학위를 받습니다. 열역학 제2법칙을 보기에 앞서 먼저 열역학 제1법칙부터 살펴보죠.

닫혀 있는 열역학 계 내부 에너지의 변화는 계로 유입된 열에너지와 계에서 행해진 일(역학적 에너지)의 합과 같다.

열역학 제1법칙은 열에너지와 역학적 에너지를 동등한 입장에서 다루는 이론으로 하나의 에너지는 다른 형태의 에너지로 바뀔 수는 있으나, 스스로 생성되거나 소멸되지는 않는다는 것을 말합니다. '에너지 보존 법칙'이라고도 부르죠.

고립된 열역학 계에서의 총 엔트로피는 시간이 흐르면서 극한값으로 다가가려는 경향이 있다.

열역학 제2법칙은 열에너지의 출입이 차단된 고립계에서는 물질의 무질서도를 나타내는 엔트로피가 증가하는 방향으로만 에너지의 전환이 일어나고, 결국에는 엔트로피가 더 이상 증가할 수 없을 때 평형 상태에 도달한다는 법칙입니다. '엔트로피 법칙'이라고도 부릅니다.*

19세기 물리학계는 17세기에 꽃을 피운 뉴턴의 역학에 19세기 초 맥스웰의 전자기학이 더해지면서 세상의 모든 것을 다 설명할 수 있을 거라 장담하고 있었습니다. 하지만 복병이 있었으니, 바로 증

---

* 열역학 제2법칙은 열에너지의 출입이 차단된 고립계에서는 물질의 무질서도를 나타내는 엔트로피가 증가하는 방향으로만 에너지의 전환이 일어나고, 결국에는 엔트로피가 더 이상 증가할 수 없을 때 평형 상태에 도달한다는 법칙입니다. '엔트로피 법칙'이라고도 부릅니다.

기기관의 등장으로 부상한 열역학이었죠. 열역학은 역학이나 전자기학의 체계로는 설명이 불가능했습니다. 열을 수많은 분자의 운동을 합친 것으로 설명하기 위해서는 열역학 기본 법칙 외에 통계역학이나 확률이라는 개념이 필요했기 때문입니다. 따라서 역학이나 전자기학처럼 연속적인 에너지 개념을 사용할 수도 없었습니다. 그중에서도 특히 흑체 복사가 골칫거리였습니다. 흑체는 입사하는 모든 전자기 복사선을 완전히 흡수하는 물체를 말합니다. 이 흑체는 복사선을 흡수한 후 특정 파장을 가진 전자기파 형태로 이를 다시 방출하는데 이것이 바로 흑체 복사지요.

당시 독일 물리학자 구스타프 키르히호프를 포함하여 수많은 물리학자가 흑체 복사에 대한 일반적인 이론을 세우기 위해 고심했습니다. 플랑크 또한 열역학을 공부하면서 흑체 복사에 관심을 갖게 되었고 1892년 베를린대학 정교수로 자리를 잡은 후, 바로 이곳에서 생애 최대의 업적인 '플랑크 흑체 복사 이론'을 완성합니다. 처음에는 독일의 제국물리기술연구소에 있던 빌헬름 빈이 전등을 개발하기 위해 진행하던 필라멘트 스펙트럼 실험을 토대로 만들어낸 새로운 복사

1929년 플랑크로부터 플랑크 메달을 받고 있는 아인슈타인

공식을 이론적으로 유도해 일반적인 형태로 만들어내는 데 성공하지요. 하지만 플랑크의 공식은 짧은 파장에서만 성립한다는 사실이 발견되어 일반 공식으로서 유효하지 않다는 것이 밝혀졌습니다.

그리하여 결국 플랑크는 루트비히 볼츠만의 통계역학을 빌려 새로운 복사 법칙의 수립에 돌입하죠. 그는 에너지를 작지만 일정한 크기로 나누면 계산상 매우 편리하다는 것을 발견했습니다. 그리고 눈에 보이지 않는 이 에너지 덩어리를 '양자(Quanta)'라 명명하고, '작용 양자(Planck's action quantum)'라는 개념을 도입하는데, 플랑크 상수(Planck constant)라고도 부르며, 수식에서는 h로 표기합니다. 플랑크 상수는 양자론에서 가장 중요한 위치를 차지하고 있습니다. 또 거시 세계에 적용되는 고전 물리학과 미시 세계에 적용되는 양자물리학을 구분해주는 역할도 하고 있지요.

인간은 자연의 신비를 다 풀 수 없다

이로써 플랑크는 고전 물리학에서는 생각할 수 없던 불연속적인 에너지의 개념을 등장시켜, 현대 물리학이라는 새로운 장을 활짝 열었습니다. 그러나 플랑크 자신은 매우 보수적인 인물로 본래부터 고전 물리학을 거부할 의사가 전혀 없었다고 합니다. 자신의 이론이 고전 물리학을 무너뜨릴 만한 요소를 가지고 있음을 깨닫고, 고전 물리학 체계 내에서 꼭 필요한 경우에만 자신의 이론을 제한적으로 사용해야 한다고 주장하기까지 했죠. 하지만 그의 의도와는 상관없이 물리학은 새로운 세기를 맞았고, 이후 아인슈타인, 하이젠베르크 등에 의해 양자물리학은 더더욱 발전하게 됩니다.

플랑크의 성취가 더욱 큰 의미로 다가오는 것은, 물리학이 완벽하게 완성이 되어 더 이상 과학자들이 할 일은 없다고 모두가 입을 모아 말하고 있는 상태에서 이루어졌기 때문입니다. 대자연의 신비를 모두 풀었다고 자만하던 과학자들에게 경종을 울린 셈이지요. 어쩌면, 언젠가는 대자연의 신비를, 온 우주의 신비를 인간이 모두 밝힐 날이 올지도 모르겠습니다. '반드시 알아내고야 말겠어.' 하는 도전정신도 중요합니다. 하지만 그게 지나쳐 '나라면 풀고도 남지. 그깟 대자연의 신비쯤이야.' 하는 오만함으로 발전하기보다는 겸허한 자세로 자신을 한없이 낮추고, 대자연을 정복하려 하기보다는 이해하려는 마음으로 다가갈 때 아마도 자연은 그 베일을 조금씩 벗지 않을까요? 플랑크의 말에서 그런 겸손한 마음가짐을 느껴보시기 바랍니다.

과학은 궁극적으로 자연의 신비를 풀 수 없다. 자연을 마지막으로 해석하는 순간에도 우리 자신은 결국 우리가 풀려고 하는 그 신비의 한 부분에 불과하기 때문이다.

막스 플랑크 Max Karl Ernst Ludwig Planck 1858~1947
독일의 이론물리학자. 엔트로피, 열전현상, 전해질용해 등을 연구하여 열역학의 체계화에 공헌하였고 열복사 이론에 양자 가설을 도입하여 양자물리학의 이론을 개척하였다. 1918년에 노벨 물리학상을 받았다.

Part 3

창조의 원리를 찾아가다

피타고라스 | 노이만 | 데카르트 | 라이프니츠 |

제르맹 | 파스칼 | 푸앵카레 | 가우스 | 아르키메데스 | 유클리드

● ● ●

수학은 과학으로 가는 문이자 열쇠다.

Mathematics is the key and door to the sciences.

−갈릴레오 갈릴레이(Galileo Galilei)

● ● ●

피타고라스Pythagoras
자연의 비밀을 수로 풀다

'숫자'라는 말만 들어도 숨이 가쁘고 동공이 풀리며 골치가 아파오지 않나요? 매일매일, 그것도 하루에 서너 시간씩 숫자와 공식으로 뒤덮인 수학책을 들여다보는 것을 운명으로 알고 살아온, 그리고 현재도 살아가고 있는 우리나라의 중고등학생이라면 누구나 겪는 병이죠. 물론 증세의 경중은 사람에 따라 차이가 나지만요. 근데 사실 이 숫자라는 것은 알고 보면 참 재미있고 신기합니다. 연초가 되면, 괜히 신년 운세가 궁금해서 인터넷 사이트를 이곳저곳 기웃거리는 사람들이 많죠. 그중에는 자신과 관련이 있는 숫자로 보는 운세도 있습니다.

예를 들어 내가 태어난 날이 11월 25일이고, 올해가 2020년이라면

피타고라스의 정리를 발견한 피타고라스

$$11(1+1=2)+25(2+5=7)+2020(2+2=4)$$

$$2+7+4=13, \quad 1+3=4$$

최종적으로 2에 해당하는 운세를 보면 되는 것이죠.

이렇게 수가 특정한 의미를 지닌 것으로 보고 연구하는 학문을 수비학(數秘學)이라고 합니다. 메소포타미아 남부 칼데아 지역에서 기원한 것으로 알려진 수비학은 피타고라스 시대에 이르러 화려하게 꽃을 피우죠. 사물의 이치를 수학적으로 규명하고자 한 피타고라스에게 수비학은 분명 매우 매력적으로 다가왔을 겁니다.

직각삼각형의 세 변

피타고라스는 다들 잘 아시죠? 네, '피타고라스의 정리'에서의 바로 그 피타고라스가 맞습니다. 수학 시험에 단골로 등장하기 때문에 눈이 빠지도록 들여다보고 외우고 또 외웠죠. "직각삼각형의 빗변의 제곱(c)은 다른 두 변(a, b)의 제곱의 합과 같다." 즉, $a^2+b^2=c^2$이라는 공식입니다. 직각삼각형의 세 변 간에 이러한 관계가 있다는

라파엘로가 그린 〈아테네 학당〉의 피타고라스

　　　　　　　　　과학자의 명언으로 배우는 교양과학

사실은 이미 고대 바빌로니아나 이집트, 인도에도 널리 알려져 있었다고 합니다.* 그러나 공식의 형태로 증명한 최초의 인물이 피타고라스이기 때문에 '피타고라스의 정리'라는 이름이 붙은 거죠. 전해 오는 이야기에 따르면, 피타고라스가 크기가 거의 비슷한 조그마한 돌이 깔려 있는 길을 걷던 중 길 위에다 커다란 직각삼각형을 한번 그려 보았다고 합니다. 그리고 세 변의 길이와 꼭 같은 정사각형 세 개를 다시 그려보았죠. 바로 다음과 같은 그림입니다.

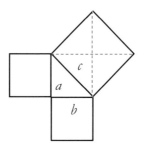

이 그림을 통해 피타고라스는 '직각삼각형의 직각을 끼는 두 변 위에 그린 두 개의 정사각형 안에 들어 있는 돌의 개수의 합은 빗변 위에 그린 정사각형의 안에 들어 있는 돌의 개수의 합과 같다'는 사실을 발견했습니다. 즉, 지금의 피타고라스는 정리 $a^2+b^2=c^2$을 알아

---

* 오늘날 피타고라스 정리로 알려진 이론은 피타고라스 시대보다 1000년이나 앞섰던 바빌로니아에서도 사용되었으며, 중국에서도 기원전 1000년경부터 쓰였다. 하늘을 의미하는 밑변인 구(勾. 길이 3), 땅을 의미하는 높은 변인 고(股. 길이 4), 빗변인 현(弦. 길이 5)로 된 직각삼각형을 일컬어 구고현이라 하여 '구고현의 정리'로 불리며, 진자라는 사람이 발견했기 때문에 '진자의 정리'라고도 한다. 한편 우리나라 신라시대 천문관 교육의 기본 교재로 사용한 《주비산경》이라는 책에도 피타고라스의 정리가 나타난다.

낸 겁니다. 이 식을 만족하는 세 개의 수를 피타고라스 수라고 부르는데요. 대표적인 피타고라스 수로, 3, 4, 5가 있습니다. $3^2+4^2=5^2$, 그러니까 9+16=25로 피타고라스의 정리를 만족하는군요.

무리수 기억하죠? 루트 기호($\sqrt{}$)를 써서 나타내는 수로 두 정수의 비로 나타낼 수 없는 수를 말합니다. 일상생활에서 쓰는 정수나 분수들은 모두 정수의 비로 나타낼 수 있는 유리수죠. 무리수도 피타고라스의 정리를 연구하던 중 밝혀졌다는 이야기도 있습니다.

수가 우주의 근본이다

고대 그리스 시대의 철학자들은 '우주는 무엇으로부터 생겨났을까?', '우주의 근본물질은 무엇일까?' 하는 의문을 품고 그 해답을 찾기 위해 노력했습니다. 탈레스는 근본물질이 물이라고 보았으며, 데모크리토스는 원자라고 보았죠. 피타고라스는 우주의 근본물질이 '수'라고 생각했습니다.

수가 우주를 지배한다.

땅에 직각삼각형을 그려
피타고라스의 정리를 설명하는 피타고라스

수는 형상과 사고를 재는 잣대다. 그리고 선과 악을 구분 짓는 잣대이기
도 하다.

수는 모든 것 안에 있다.

한마디로 '모든 것이 수'라고 생각한 것이지요. 따라서 자연의 비
밀을 수를 통해 풀어보려 했습니다. 예컨대 2는 여성, 3은 남성, 이
들의 합인 5는 결혼을 뜻한다고 보았죠. 뿐만 아니라 음악에도 '수'
가 들어 있어서 수들 사이의 조화로운 비율이 조화로운 음악을 탄생
시킨다고 생각했습니다. 수금(lyre: 고대 현악기)의 일곱 개 현(絃)에서
수를 탐구한 피타고라스는 이런 말을 남기기도 했습니다.

기하학은 현의 울림에서 나온다.

이밖에도 소수, 친화수, 완전수 등 수에 관해 많은 사실을 밝혀놓
아, 이후 수학의 발전에 주춧돌을 마련했습니다.

여기서 잠깐, 수에 관한 여러분의 상식을 한번 짚어보고 넘어가
볼까요? 소수는 1과 자기 자신만으로 나누어떨어지는 수를 일컫습
니다. 간단하게는 3과 5가 있죠. 3세기 후반 유클리드는 소수가 무
한히 많다는 사실을 증명해냅니다.

친화수(amicable number)는 자기 자신을 제외한 약수를 모두 더한
것이 상대 수가 나오는, 한 쌍의 수를 말합니다. 예를 들어 220과 284
가 있죠. 즉, 자신을 제외한 220의 약수(1, 2, 4, 5, 10, 11, 20, 22, 44,

55, 110)를 모두 더하면 284가 되고, 자신을 제외한 284의 약수(1, 2, 4, 71, 142)를 모두 더하면 220이 나옵니다. 피타고라스는 이 한 쌍만을 발견했습니다. 그 후 17세기에 페르마와 데카르트가 각각 한 쌍씩을, 그리고 18세기에 레온하르트 오일러가 62번째의 쌍까지 발견하였습니다.

지금까지 알려진 친화수는 모두 짝수끼리거나 홀수끼리입니다. 피타고라스가 살던 시절에는 우정이 변치 않기를 바라는 의미에서 친구끼리 친화수를 적어 하나씩 나누어 갖는 풍습이 성행하기도 했다네요. 친화수와 비슷한 것으로 부부수(betrothed number)가 있는데요, 부부수는 1과 자기 자신을 제외한 약수의 합이 서로 같아지는 한 쌍의 수를 말합니다. 48과 75가 그렇습니다. 짝수끼리, 홀수끼리 쌍을 짓는 친화수와 달리 짝수와 홀수가 쌍을 짓는다고 해서 부부수라 이름 붙였다 합니다.

자, 마지막으로 완전수(complete number)를 볼까요? 완전수는 자기 자신을 제외한 약수를 모두 더한 값이 자기 자신인 수를 말합니다. 6을 보면, 6의 약수는 1, 2, 3, 6이고, 그중 자신인 6을 제외한 나머지 약수들을 더하면 바로 6이 나오죠. 이게 바로 완전수입니다. 어떤가요? 앞에서 얘기한 것처럼, 수라는 것이 알고 보면 참 신기하고도 재미나지 않나요?

적은 말 속에 거대한 의미를

피타고라스는 베일에 싸인 인물입니다. 기원전 580년경 에게해의 사모스 섬에서 태어난 것으로 추측되며, 일설에는 탈레스의 제자였다고도 합니다. 페르시아의 침략으로 소아시아의 그리스 식민지들이 위협을 받자 피타고라스는 크로토네로 옮겨갑니다. 그리고 거기에서 자신을 따르는 추종자들과 함께 '피타고라스학파'를 설립하죠.

피타고라스학파는 '만물이 수'라는 모토 아래 수학과 천문학, 음악 등에 업적을 남긴 연구 단체인 동시에, 연구 생활을 통해 혼(魂)을 정화하려는 목적을 가진 종교 단체입니다. 또 정치적인 결사(結社)의 성격도 띠고 있어 크로토네를 지배하기도 하는 등 한때 세력이 강대했다고 합니다.

일단 피타고라스학파에 들어오면 별모양의 배지를 달아야 했습니다. 바로 황금 비율을 내재한 오각형 별이었죠. 황금 비율은 직선상에 있는 두 개의 점 A와 B를 두 부분으로 나누는 지점을 P라고 할 때 AB : AP＝AP : PB를 만족하는 비율을 말합니다. 일반적으로 0.618 또는 1.618을 의미하죠. 사람의 눈으로 볼 때, 이 황금 비율을 사용하여 만든 건축물이 다른 비율로 만들어진 것보다 훨씬 안정적으로 느껴진다고 하는데요. 대표적인 예가 고대 이집트의 피라

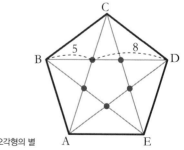

황금 비율이 들어가 있는 오각형의 별

미드입니다. 몸매가 아름답게 보이는 팔등신 모델도 확인해보면 발바닥에서부터 정확히 몸 전체의 61.8퍼센트에 해당하는 위치에 배꼽이 있다고 합니다. 피타고라스는 이렇게 신비롭고 경이로운 황금비율을 우주의 질서를 간직한 신선한 수로 여겨 기꺼이 그들의 상징으로 삼았습니다.

또 피타고라스학파의 구성원은 반드시 정해진 규율에 따라 행동해야 했습니다. 무엇보다도 침묵의 규칙이 가장 중요했습니다. 이를 어길 시에는 죽음에 처해졌죠. 앞서 무리수가 피타고라스의 정리를 연구하던 중 밝혀졌다는 이야기를 했죠. 피타고라스학파의 히파소스가 바로 무리수를 밝힌 인물이라고 합니다. 그런데 히파소스는 '침묵의 규칙'을 지키지 않고 외부에다 무리수의 존재를 발설했고, 그 결과 죽임을 당했다고 합니다.

> 침묵하는 것이 낫다. 아니면 침묵보다 더 가치 있는 것을 말하라. 많은 말 속에 작은 의미를 담지 말고, 적은 말 속에 거대한 의미를 담아라.

피타고라스는 말이란 사람을 잘못 인도할 수 있는 쓸모없는 것이라 생각했습니다. 그렇기 때문에 쓸데없는 말은 줄이고, 가치 있는 말만 해야 한다고 생각했죠. 가슴에 새겨두어야 할 필요가 있습니다. 특히나 요즘처럼 무심코 인터넷에 올린 말 한마디가 사람을 죽이기도 살리기도 하는 말 많은 세상에서는 반드시 유념하고 지켜야 할 규칙입니다. 그러나 그렇다고 '침묵의 법칙'을 지키지 않은 사람을 굳이 죽일 것까지야 있었나 하는 생각이 드네요. '법칙'보다 '생명'이 우선 아닐까요? 어쨌든, 피타고라스학파는 엄격한 규율 아래 서로 신뢰와 의리로 똘똘 뭉쳐 생활했다고 합니다. 인생의 동반자로서, 학문의 동반자로서, 서로 도우며 돈독한 우애를 쌓아 나간 것이지요.

친구는 인생의 동반자로서 보다 행복한 삶의 길로 나아가도록 서로 도와야 한다.

문명이 발달한 21세기를 사는 우리에게 피타고라스는 다분히 비과학적이고 미신적으로까지 보입니다. 그러나 수를 경외의 대상으로 보았기에 세상의 모든 것으로부터 수를 연구했고, 그래서 수에 관해 그토록 많은 사실과 체계를 밝힐 수 있지 않았을까요? 어떤 것이 과학적이냐 비과학적이냐를 놓고, 지구상에 있는 수많은 대학과 연구실에서는 지금 이 순간에도 토론을 벌이고 있습니다. 중요한 것은, 오늘 '과학적이다'라고 말할 수 있는 것이 시간이 오래 지나면 '비과학적인 것'이 될 수도 있고, 그 반대가 될 수도 있다는 가능성을 받아들이는 열린 마음 아닐까요?

피타고라스 Pythagoras ?BC 580~?BC 500
고대 그리스의 수학자 · 철학자 · 종교가. 수를 만물의 근원으로 생각하였으며, '피타고라스의 정리'를 발견하여 과학적 사고를 구축하는 데에 큰 구실을 하였다. 음악이론, 수의 이론 등 많은 수학적 업적을 남겼다.

컴퓨터를 개발한 천재 수학자

1980년대 초 기자생활을 할 때, 유명한 미국 시사만화가 라난 루리 (Ranan Lurie)가 우리나라를 방문해 며칠 동안 안내를 맡은 적이 있습니다. 우리나라에도 지금은 시사만화가가 많지만 그때는 별로 없었죠. 'Lurie's Opinion'이라는 이름으로 《워싱턴포스트》를 비롯하여 《뉴스위크》, 《타임》 등에 기고하는 유명 만화가였는데, 그가 이런 얘기를 했습니다.

기사는 설명하려고 애쓴다. 그러나 만화는 말할 뿐이다.

그렇습니다. 그림과 영상은 더 이상 설명이 필요하지 않죠. 과학도 설명이 필요 없습니다. 더구나 수학으로 도출된 과학은 더욱 그렇습니다. 분명하기 때문이죠. 그래서 수학은 모든 과학의 언어입니다.

프로그램 저장식 컴퓨터를 고안한 천재 수학자 폰 노이만도 이렇게 말했습니다.

과학은 설명하려고 노력하지 않는다. 과학은 해석하려고 들지도 않는다. 과학은 주로 모델을 만든다. 그 모델이란 언어적 해석이 가미된 것으로 관찰된 현상을 묘사한 수학적 건물이라 할 수 있다.

너 혼자 세상을 책임지려 하지 마!

수학에 천재적인 소질이 있던 폰 노이만은 28세의 나이에 헝가리를 떠나 프린스턴대학의 객원교수에 취임합니다. 기초과학의 메카라고 할 수 있는 프린스턴고등연구소의 설립 멤버가 됐고, 원자폭탄 개발 계획인 맨해튼프로젝트와 이후의 수소폭탄 개발계획에도 참여하죠.

1945년 8월, 이론적인 원자폭탄의 위력이 현실적으로 참혹한 결과를 가져오는 걸 직접 목격한 맨해튼프로젝트의 과학자 상당수가 충격을 받습니다. 죄의식을 느끼고 괴로워하죠. 이론 속의 원자폭탄이 실질적으로 수많은 사람들을 죽이는 무기로 사용되는 것을 직접 확인했기 때문입니다.

오펜하이머는 트루먼 대통령을 찾아가 수소폭탄 개발을 반대했고, 질라드는 참상을 전해 듣고는 아예 물리학에서 생물학으로 전공을 바꿔버립니다.

수소폭탄 개발에도 적극적이었던 폰 노이만

과학자의 명언으로 배우는 교양과학

그러나 폰 노이만은 핵폭탄 개발의 정당성을 변호하는 데 앞장섭니다. 그리고 수소폭탄 개발에 적극적으로 뛰어든 과학자입니다. 그는 미국의 강력한 무장을 지지하면서, 심지어 소련에 수소폭탄을 투하해 소련의 수소폭탄 개발을 사전에 봉쇄하는 것이 필요하다고 주장하기도 했습니다.

로스앨러모스의 핵폭탄 개발연구소에서 같이 일한 리처드 파인먼이 일본에 투하된 원자폭탄의 참상을 전해 듣고 괴로워하자 이렇게 충고했습니다.

당신이 살고 있는 세상을 책임질 필요는 없는 거야.

"이봐, 당신 혼자서 세상을 책임지는 건 아니야. 혼자서 괴로워하지 마, 알겠어?" 대충 이런 뜻이겠죠?

두 대의 기차와 파리

폰 노이만의 천재적인 직관력을 잘 나타내주는 일화가 있습니다.

폰 노이만이 한 파티에 참석했을 때의 일입니다. 파티장의 시선

컴퓨터 앞에 선
폰 노이만(오른쪽)과 오펜하이머(왼쪽)

을 끌던 검은 드레스와 모자를 쓴 정장 차림의 한 여인이 폰 노이만에게 당당하게 다가와 포도주를 권하며 질문 하나를 던집니다.

> 선생님, 200킬로미터 떨어진 두 기차가 (같은 철로 위에서) 서로를 향해 시속 50킬로미터로 달리고 있습니다. 그런데 어떤 파리 한 마리가 시속 75킬로미터로 한 기차에서 출발해 두 기차 사이를 왔다 갔다 하면서 날고 있거든요. 파리는 기차가 충돌해서 죽을 때까지 이런 행동을 계속합니다. 폰 노이만 선생님, 그러면 파리가 날아간 총 거리는 얼마나 되는 건가요?

'폰 노이만 당신, 천재 수학자라고 그러는데, 그래 얼마나 대단한지 건방진 콧대 한번 꺾어 놓아야지!' 뭐 이런 의도였겠지요?

여섯 살 때 8자리 수, 그러니까 천만 단위 수의 나눗셈을 머릿속에서 자유자재로 풀었다는 폰 노이만의 머리는 컴퓨터보다 빨랐습니다. 그래서 폰 노이만은 기다릴 것도 없이 즉석에서 당장 해답을 건네줍니다.

"150킬로미터라오."

이 여인은 즉석에서 대답한 폰 노이만을 별로 신통치 않게 생각합니다. 그래서 다시 "어째서 150킬로미터인가요?" 하고 묻습니다. 그러자 폰 노이만은 설명합니다.

> 기차는 200킬로미터 떨어져 있고 50킬로미터로 달리기 때문에 만나기

과학자의 명언으로 배우는 교양과학

까지는 2시간이 걸립니다. 따라서 이 파리는 두 시간 동안 날았다고 볼 수 있습니다.

'거리=속도×시간'이라는 공식을 아는 사람이라면 아주 쉽게 결론을 내릴 수 있는 해답입니다. 매혹적인 여인은 폰 노이만을 이상한 눈초리로 바라봅니다. '그 정도는 나도 할 수 있어요. 나를 우습게 보는 모양인데 나도 꽤 공부한 수학자라고요.' 이런 생각이겠죠? 그래서 빤히 쳐다보며, "아주 이상하네요. 대부분 사람들은 무한급수를 더해서 그 문제를 풀려고 하지 않나요?" 하고 묻습니다. 다시 말해 기차는 달리고 있어서 파리가 날 수 있는 공간은 점점 좁아지고, 그 와중에 파리는 왔다 갔다 하는데, 왜 무한급수를 쓰지 않고 단순히 산술적으로 푸느냐는 지적입니다. 그러자 폰 노이만의 대답이 걸작입니다.

이상하다고요? 아니 그게 무슨 뜻인가요? 그게 바로 내가 한 방법인데요.

폰 노이만의 설계를 반영하여 탄생한 에드박(EDVAC) 컴퓨터

무슨 말인지 아시겠어요? 그렇다면 폰 노이만의 머리가 정말 컴퓨터라서 무한급수를 사용해서 당장 그 문제를 해결한 건가요? 아닙니다. 그러나 폰 노이만의 대답에는 수학적 접근이 무엇인지를 설명하는 독특한 철학이 담겨 있습니다.

이 문제는 쉬운 방법으로도 풀 수 있고 어려운 방법으로도 풀 수 있습니다. 파리는 사실 기차 충돌 이전까지 무한히 기차에 부딪힐 겁니다(충돌 이전에 죽고 맙니다). 그래서 어떤 사람들은 종이와 연필을 갖고 거리에 대한 무한급수를 더하면서 어려운 방식으로 문제를 풀려고 할 겁니다.

다시 말해서 자신은 어려운 방법으로 푼 게 아니라 쉬운 방법을 선택했고, 쉬운 방법을 택했다고 해서 틀린 것이 아니라는 주장이죠.

그러면 파리가 날아간 거리를 계산하는 데 두 가지 방법이 있고, 서로 다른 수치가 나온다면 과연 무엇이 맞는 방법이냐고 물을 수 있습니다. 어떻게 수학이라는 정확한 학문에 두 가지 다른 해답이 나올 수 있느냐 하는 의심이 생길 수도 있습니다. 또 어떤 학자들은 이 문제가 무한급수 개념이 아닌 또 다른 식으로 풀어야 할 복잡한 문제라고도 주장합니다.

폰 노이만은 이에 대해 더 이상의 이야기를 하지 않습니다. 수학은 그렇게 복잡하게 생각할 필요가 없다는 주장도 됩니다. 단순히 생각하라는 이야기입니다. 이 '기차와 파리 퍼즐'은 거창하게 수학자만이 풀 수 있는 문제가 아니라 보통 사람도 충분히 풀 수 있다는 뜻도 됩니다. 결국 중요한 것은 대상을 관찰하고 접근하는 연구자가 판단할 문제라는 것이 아닐까요? 사실 복잡한 현상을 하나의 이론으로 만들어내는 과학자는 단순하게 생각할 필요가 있습니다. 복잡한 접근으로는 이론이 만들어질 수 없죠. 그래서인지 이런 말을 했습니다.

만약 사람들이 수학이 단순하다고 믿지 않는다면, 그것은 사람들이 인생이 얼마나 복잡한지 깨닫지 못하기 때문이다.

그러면 폰 노이만에게 질문을 던진 파티장의 매력적인 여성은 누구이며 둘이서 나중에 어떻게 되었을까요? 안타깝게도 이 여성은 가공의 인물인 것 같습니다. 그러나 '파리와 기차'는 사실입니다. 누군가 재미있게 이야길 꾸미려고 검은 드레스와 모자를 쓴 여인을 등장시켰겠지만.

사람을 대신할 기계, 컴퓨터

폰 노이만의 천재적인 머리는 컴퓨터라는 기계의 발명으로 이어집니다.

기계가 할 수 없는 일이 있다고 주장하는 사람들이 있습니다. 기계가 할 수 없는 일이 무엇인지를 나에게 정확하게 일러준다면 그걸 할 수 있는 기계를 언제든지 만들어드리겠습니다.

자신의 관심을 끄는 분야라면 어느 곳이든 가리지 않고 뛰어들어 순수수학과 응용수학 분야에 재능을 유감없이 발휘한 폰 노이만은 컴퓨터 바이러스의 출현을 예고하기도 했습니다. 1949년 컴퓨터나 로봇 같은 '첨단 자동장치'는 스스로 복제할 수 있다는 논문을 발표했습니다. 이러한 연구를 통해 인공생명체의 등장을 예고했고, 사실 인공생명체를 만들 수 있다고 주장했습니다. 폰 노이만은 왓슨과 크릭이 생명체의 기본 요소인 DNA 구조를 해석하기에 앞서 이미 DNA를 수학적인 시스템으로 풀고자 노력한 학자이기도 합니다. 생명체를 자기복제 능력이 있는 '물체'로 규정한 그는 분자생물학과 컴퓨터공학에 많은 기여를 했습니다.

컴퓨터 연구가 IBM에 채택돼 돈을 벌기 시작하고 인간의 두뇌와 같은 인공지능 컴퓨터를 만들기 위해 연구에 몰두하기 시작한 1957년 그는 골수암으로 세상을 하직합니다. 수소폭탄 개발에 몰두한 나머지 방사능 오염에 노출됐기 때문이죠.

요한 폰 노이만 Johann Ludwig von Neumann 1903~1957
헝가리 태생의 미국 수학자. 힐베르트 공간의 이론을 발전시켜 양자역학의 수학적 기초를 세웠다. 또 게임이론, 오퍼레이션 리서치, 오토마타 이론 등을 연구하였다. 원자폭탄 개발계획인 맨해튼프로젝트에 적극 참여한 것으로도 유명하다.

좌표평면 위에서 회의하다

길에서 어떤 사람이 근처에 있는 특정 건물로 찾아가는 길을 물어서 알려주려 한다고 합시다. 이럴 때 대부분의 사람들이 이미 알고 있는 유명한 장소나 건물, 또는 서 있는 위치를 기준점으로 해서 직진해서 몇 미터, 왼쪽이나 오른쪽으로 몇 미터 등으로 설명을 합니다. 약도를 그릴 때도 마찬가지이죠.

이것은 우리가 발을 붙이고 있는 지면을 2차원 평면으로 좌표화하는 것입니다. 수학에서 방정식을 배우기 전에 가장 먼저 배우는 것이 바로 평면좌표, 또는 좌표평면입니다. 가로의 x축과 세로의 y축이 교차하는 가장 간단한 형태의 좌표를 말하지요. 늘 각종 방정식과 함수를 좌표를 통해 익혀왔기 때문에, 우리에게는 마치 수학과 좌표가 그 기원부터 한 몸인 듯 익숙하게만 느껴집니다.

그러나 좌표의 역사가 채 400년도 되지 않았다는 사실, 알고 계시나요? 게다가 이 평면좌표를 최초로 고안해낸 사람이 그 유명한 "나는 생각한다. 고로 존재한다(Cogito ergo sum)."라는 유례없는 명언을 남긴 근대 철학의 아버지 데카르트라는 사실도 알고 계시나요? '데카르트'라는 이름과 '평면좌표'라는 개념은 따로따로 보면 둘 다 너무나 익숙한데, 둘이 모종의 관계에 있다는 사실을 알게 된 순간 어찌나 낯설게 느껴지는지……. 마치 중학교 동창과 직장 동료가 알고 보니 형제지간이더라는 것만큼 갑작스럽고 놀라운 경험인 것 같습니다.

기하와 대수가 하나로

좌표평면은 데카르트의 이름을 따 데카르트좌표 또는 카르테시안좌표라고 부르기도 합니다. 왜 카르테시안이냐 하면, Descartes라는 단어는 프랑스어로 복수형 부정관사 des와 cartes가 합쳐진 것이어서 cartes의 영어식 형용사인 cartesian을 쓰는 것입니다.

데카르트가 이 좌표평면을 고안해낸 일화도 참 재미있습니다. 1596년 3월, 프랑스 투렌의 귀족 집안에서 태어난 데카르트는 어려서 어머니를 여의고 아버지의 보살핌을 받고 자랍니다. 열 살 되던

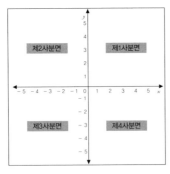

좌표평면에서 좌표축에 의해 나뉜 사분면

해에 예수회재단의 고급 엘리트 학교인 라플레슈에 들어가 8년 동안 논리학과 윤리학, 물리학, 형이상학, 기하학 등을 배우죠. 어려서부터 몸이 허약했던 데카르트는 교장의 배려로 오전에는 수업에 참석하지 않고, 가만히 침대에 누워 명상을 하거나 책을 읽으며 시간을 보냈다고 합니다. 이 습관은 죽을 때까지 변함없이 지켜졌으며, 데카르트도 스스로 오전 명상 시간이 자신의 수학과 철학의 원천이 되었다고 말했을 정도로 그는 이 시간을 매우 소중히 보냈습니다.

어느 날 오전, 침대에 누워 가만히 명상에 잠겨 있던 데카르트의 눈에 천장에 붙어 있는 파리 한 마리가 눈에 띄었습니다. 파리라는 벌레가 원체 가만히 있지를 못하는지라 천장에 붙어 있던 그 파리도 계속해서 자리를 바꿔가며 이동을 했습니다. 움직이던 파리를 눈으로 쫓던 데카르트는 문득 변하는 파리의 위치를 어떻게 설명할 수 있을까를 생각하기 시작했다고 합니다. 그리고 네모난 천장의 한쪽 구석을 기준점으로 삼아 천장과 벽면이 만나는 가로 선과 세로 선을 축으로 지정하면, 파리의 위치가 어디로 변하든 설명이 가능하다는 것을 발견하게 되었지요.

정말로 데카르트가 천장에 붙어 있던 파리에서 좌표평면을 생각해낸 것인지는 확인할 도리가 없습니다. 하지만 마치 뉴턴이 떨어지는 사과를 보고 만유인력을 발견하였다는 것이 사실보다는 하나의 전설처럼 여겨지듯, 데카르트가 파리를 보고 좌표평면을 발견하였다는 것도 그냥 받아들여도 될 듯합니다. 어차피 확인할 수 없다

해도, 꽤 설득력 있는 이야기니까요.

좌표평면과 관련한 내용은 1637년에 출간된 데카르트 사상의 핵심을 보여주는 책인 《방법서설Discours de la méthode》에 처음 등장합니다.

나는 기하학적 해석의 특징과 대수학의 특징을 채택하여, 각자가 갖고 있는 모든 결점을 다른 것으로 고쳤다.

데카르트 좌표는 이전까지는 따로 연구되던 기하학과 대수학을 하나로 접목한, 당시로서는 매우 파격적인 아이디어입니다. 이로써 점과 수식을 하나로 보게 되어 기하와 대수가 통일되는 시발점을 마련하였을 뿐만 아니라 좌표계상에서 음수와 영을 나타낼 수 있게 됨으로써 실체로 다가오지 않던 음수의 개념을 구체화하였죠. 유클리드 이후로 별다른 진전이 없던 기하학이 좌표상에 모습을 드러내며 다시금 발전하고 거듭날 수 있었던 것도 바로 데카르트의 공이었습니다. 또 뉴턴과 라이프니츠가 미적분학을 발견할 수 있었던 것도 바로 이 좌표평면이 있었기에 가능한 일이었습니다.

네덜란드 화가 프란스 할스가 그린 데카르트의 초상화

과학자의 명언으로 배우는 교양과학

나는 생각한다. 고로 존재한다

워낙에 제목이 길다 보니 짤막하게 줄여서 '방법서설'이라 부르고 있지만, 원래 제목은《과학에서 진리를 찾기 위해 이성을 올바로 이끄는 방법에 관한 논문》입니다. 길긴 길죠? 제목이라기보다는 거의 내용 요약 내지는 책의 의의를 밝힌 것이라 보는 게 나을 정도입니다. "나는 생각한다. 고로 존재한다."도 바로 이 책에서 등장합니다.

우리가 깨어 있을 때 경험하는 동일한 생각들을, 자고 있는 동안에도 경험할 수 있고 동시에 그 어떤 것도 실재하지 않는다는 것을 고려했을 때, 깨어 있을 때 내 마음속으로 들어오는 사물은 꿈의 환영 이상의 진실성이 없다고 추측하게 되었다. 그러나 즉시, 모든 것이 거짓이라고 생각하면서, 그런 생각을 하는 나라는 존재가 반드시 있어야 한다는 것을 깨달았다. 이러한 나는 생각한다. 고로 나는 존재한다는 진실은 너무 확실하며, 과장해서 말하면 반박할 만한 회의적인 가능성이 결코 존재하지 않는다는 데 대한 의심의 여지없는 증거로 뒷받침된다.

조금 길지요? 하지만 데카르트가 어떻게 해서 생각하기에 존재한다는 결론에 도달하게 되었는지를 좀 더 잘 이해하기 위해 앞에 있는 문장까지 적어보았습니다.

데카르트는 방법적 회의라는 사고의 흐름을 따랐습니다. 우리의 감각은 가끔 우리를 속이기도 합니다. 다소 비약이 있으나, 사막 한

가운데에서 보게 되는 신기루*가 좋은 예입니다. 그렇기 때문에 데카르트는 조금이라도 의심스러운 것은 모두 거짓으로 보고, 전혀 의심할 수 없는, 절대적으로 확실한 것에 도달할 때까지 회의에 회의를 거듭하는 사유의 방법을 택했습니다. 데카르트가 말한 "회의는 진리의 근원이다."라는 말을 조금은 이해할 수 있겠죠?

수학으로 기초를 잡고

데카르트는 당시에 진리로 받아들인 것들의 기초가 얼마나 허약한지를 비판했으며, 확실한 기초 위에 진리와 학문의 토대를 세울 것을 주장했습니다. 확고한 진리란 누구에게나 명증(明證)하거나 적어도 올바른 방법만 사용하면 누구나 발견할 수 있어야 했습니다. 이때의 올바른 방법이란 이성의 규칙이었으며 바로 수학적인 또는 기계적인 절차를 의미하는 것이었죠. 이러한 사고방식은 데카르트만이 보여준 것이 아닙니다. 갈릴레이나 뉴턴 등 그와 비슷한 시대를 살아간 물리학자들이라면 누구나 공감하는 생각이었죠. 데카르트는《방법서설》에서 수학적·기하학적 사고방식을 일반적인 이성의 원리, 문제 해결과 진리 발견의 원리로 제시하고 있습니다.

나는 어디에서부터 시작할 것인가를 찾는 데 별로 어려움을 겪지 않았

---

* 신기루는 대기 중에서 빛이 이상굴절을 일으켜 물체가 실제의 위치가 아닌 다른 위치에 있는 것처럼 보이는 현상이다. 지면의 온도가 몹시 높을 때는 지표 가까운 기층의 온도가 내려가는 비율이 크기 때문에 노면에 물웅덩이가 있는 것처럼 보이는 것이 좋은 예다.

다. 왜냐하면 나는 가장 간단하고 또 가장 알기 쉬운 것부터 시작해야 함을 깨달았기 때문이다. 그리고 예전에 여러 학문에서 진리를 찾던 사람들 가운데 수학자들만이 확실하고 분명한 추리와 논증을 발견할 수 있었다는 점을 고려할 때 나도 수학자들이 출발한 지점에서 출발해야 한다는 것을 확신했다.

《방법서설》은 〈굴절광학〉과 〈기상학〉, 〈기하학〉 세 편의 과학 논문과 그에 대한 서설을 덧붙여 출판한 책입니다. 이 책은 사실 우여곡절 끝에 세상에 나오게 되었는데요.

데카르트는 푸아티에대학에서 법학사 학위를 받은 후 군 장교를 거쳐 1623년 네덜란드에 정착합니다. 네덜란드에서 산 20년 동안 그의 위대한 업적 대부분이 세상으로 나오게 되지요. 초기에는 우주에 대한 수학적·물리학적 설명을 담은 《우주론》의 집필에 몰두합니다. 이 책에는 코페르니쿠스의 지동설을 지지하는 내용이 포함되어 있다고 합니다. 그러나 갈릴레이가 1632년에 천동설을 부인하

파리 생 제르맹 데 프레 성당에 있는 데카르트의 무덤

고 지동설을 주장하는 내용을 담은 《두 대화》를 출판한 것을 이유로 종교 재판에 회부되자 《우주론》은 책상 서랍 깊숙한 곳에서 처박혀버리고 말죠. 그리고 시간이 흐른 뒤, 지동설과 관련해 물의를 일으킬 만한 내용은 삭제하고 〈굴절광학〉, 〈기상학〉, 〈기하학〉과 함께 묶어 세상에 내놓게 된 겁니다.

그중에서도 〈기하학〉은 데카르트의 불후의 업적이라 할 수 있는 '해석기하학'을 담고 있습니다. 해석기하학은 기호(記號)의 학문인 대수학과 도형의 학문인 기하학을 하나로 묶은 것이라 볼 수 있는 데요, 이로써 각종 역학 법칙을 방정식의 형태로 나타낼 수 있게 되어 수학이라는 분야의 무궁무진한 확장과 발전을 가져오게 됩니다. 이미 고대 그리스 시대부터 대수학과 기하학을 묶으려는 시도가 있었습니다. 하지만 하나의 완전한 학문으로서 체계화를 완성한 사람은 데카르트이지요. 이외에도 데카르트는 그리스 수학자 아폴로니우스의 원추곡선을 2차 방정식으로 표현하여, 이후 자연철학자들에게 강력한 이론적 틀을 제공했습니다.

"내게 있어 모든 것은 수학으로 돌아간다."는 데카르트의 말에서도 짐작할 수 있듯, 그는 수학적 사고방식을 통해 모든 학문 분야를 탐구해 나갔습니다.

내가 푼 각각의 문제들은, 향후 다른 문제들을 푸는 데 규칙이 되었다.

학문을 함에 있어 기초에 해당하는 '어떻게 사고할 것인가?'를 먼저 고민하고, 이를 탄탄히 한 후에 수학, 물리학, 철학 등 학문의 단계를 차근차근 밟은 데카르트의 삶에서 우리는 다시 한번 "기초를 튼튼히 하라."는 변하지 않는 진리를 새삼 깨닫게 됩니다. 그러했기에 아마도 그는 근대 철학의 아버지인 동시에 수학의 아버지가 될 수 있었을 테지요.

르네 데카르트 René Descartes 1596~1650
프랑스의 수학자·철학자. 스콜라학파의 아리스토텔레스주의를 부정한 근대 철학의 아버지로 일컬어지며, 대수학과 기하학을 하나로 설명하는 해석기하학의 창시자이기도 하다. 저서에 《방법서설》, 《성찰省察》, 《철학원리》 등이 있다.

생각의 지름길, 기호를 창조하다

"전 세계에서 나와 똑같은 생각을 하는 사람이 적어도 세 명은 있다."는 말을 들어본 적 있죠? 하늘 아래 완전히 새로운 것이란 없다는 다분히 회의적인 이야기로 볼 수도 있겠고, 결국 인간은 놓인 사회나 환경, 그리고 역사적 흐름 속에서 사고하는 동물이기에 그러한 조건들이 잘 맞아떨어지면 비슷한 사고를 펼칠 수도 있다는 이야기로 볼 수도 있습니다. 이를 증명이라도 하듯, 비슷비슷한 시기에 비슷한 내용의 책이나 그림, 영화 등이 쏟아져 나오는 사례를 흔히 볼 수 있습니다.

새로운 것을 발견하거나 개발하는 과학적 업적도 이러한 일은 비일비재합니다. '과학적 선취권 분쟁'이라는 용어가 있을 정도로 하나의 업적을 놓고 두 명, 많게는 세 명이 누가 먼저 발견했나를 다투는 사례가 역사적으로 꽤 있죠. 산소의 발견을 놓고 영국의 프리스틀리, 스웨덴의 셸레, 프랑스의 라부아지에가 다투었으며, 일반 상대성이론도 아인슈타인과 힐베르트가 다투었습니다. 힐베르트가 아인슈타인

보다 닷새 먼저 일반 상대성이론을 완성했다는 거죠. 아니, 뭐, 그렇다고 해서 당사자들이 치고받고 싸웠다는 얘기는 아니고요. 그들 곁에서 연구를 지켜본 사람들이나 후대의 과학사학자들이 그런 주장을 펼치고 있다는 겁니다.

미적분법 아시죠? 미적분법을 누가 먼저 창안했느냐는 것이야말로 오랜 세월 과학적 선취권 분쟁의 주요 쟁점이었습니다. 뉴턴이냐 라이프니츠냐를 가지고 국가까지 개입하는 대소동이 벌어졌을 정도죠. 지금에 와서는 둘 다를 미적분법의 창시자로 기리고 있습니다만 뉴턴이라는 거물급 과학자의 그늘에 가려져 라이프니츠의 업적은 오랫동안 많이 알려져 있지 않았던 게 사실입니다. 그러나 기호의 논리성과 실용성에서 라이프니츠가 더 뛰어나다는 게 인정되어 현대 미적분법에서 쓰고 있는 기호들은 대부분 라이프니츠가 만든 것을 따르고 있습니다. d, dx, dy, $\int$ 같은 기호들 아시죠? 다 라이프니츠가 고안한 기호입니다.

다양한 지적 활동

사실 미적분법에서 라이프니츠의 업적이 많이 알려지지 않은 데는

라이프니츠와 뉴턴

과학자의 명언으로 배우는 교양과학

그가 수학자보다는 철학자나 법학자, 신학자로서 더 유명한 탓도 있지요. 실제로 라이프니츠는 못하는 게 없는 팔방미인이었습니다. 1646년 7월 1일, 독일의 라이프치히에서 태어난 라이프니츠는 라이프치히대학의 도덕철학 교수인 아버지 덕에 어려서부터 수많은 고전을 읽으며 철학과 논리학에 흥미를 가질 수 있었습니다. 열두 살에 독학으로 그리스어와 라틴어에 통달하였고, 열네 살에는 라이프치히대학에 입학하여 철학과 수학을 공부했다고 합니다.

1963년 개체의 존재 가치는 물질이나 형태만으로 설명되는 것이 아니라 그 전체로 설명된다는 것을 강조한 첫 논문 〈개체의 원리〉로 학사 학위를 받습니다. 여기서 후일 그의 사상을 지배하게 되는 '모나드(monad)'라는 개념이 서서히 싹트기 시작합니다. 모나드는 우주의 극한 물질로서 영원하고 분해할 수 없으며, 그들만의 법칙에 따라 상호작용하는, 존재의 실재적인 형태입니다.

이 모나드는 원자와는 달라 어떤 물질적 공간적 성질도 가지고 있지 않습니다. 따라서 원자처럼 그 크기가 반드시 작아야 할 필요도 없었죠. 심지어 신(神)도 모나드라 할 정도니, 지금 보면 좀 엉뚱하다 싶지만, 당시 데카르트가 주장한 심신이원론과 개체성이 결핍

1666년에 출간된 라이프니츠의 《결합법론》 머리그림

된 스피노자의 체계에서 발생하는 여러 문제들을 해결해보고자 만들어낸 형이상학적 개념이라고 하니, 그런가보다 할 수밖에요.

라이프니츠는 학사학위를 받은 후 여름을 보내러 독일 중부의 예나에 갑니다. 그리고 그곳에서 자신의 사고 체계 확립에 매우 중요한 역할을 하는 철학자이자 수학자 바이겔을 만납니다. 당시는 수학과 자연과학을 매우 중요시하던 시대였고 특히 논리학이나 철학의 주제에 수학적 증명 방법을 적용하는 것에 사람들이 많은 관심을 기울이고 있었죠. 바이겔은 수가 우주의 근본개념이라고 믿는 사람이었습니다. 왠지 피타고라스주의자 냄새가 나지 않나요? "수가 우주를 지배한다."고 외쳤던 바로 그 피타고라스주의자들 말입니다. 바이겔의 영향을 톡톡히 받았던 라이프니츠도 사실 그러한 냄새를 풍기는 말들을 후대에 남겼습니다.

우리가 음악으로부터 얻는 즐거움은 바로 수를 세는 것에서 오네. 단지 무의식적으로 세는 것일 뿐 음악은 무의식적인 산수라네.

−수학자 골드바흐에게 보낸 편지 중에서(1712)

논문과 저서로 인해 라이프니츠의 명성은 드높아졌지만 정작 라이프치히대학에서는 박사학위를 거절합니다. 이에 대해서는 나이가 너무 어려서 그랬다, 학장의 부인이 무슨 이유에서인지 라이프니츠의 학위를 수락하지 못하게 했다는 등 의견이 분분합니다. 어찌됐든 라이프니츠는 뉘른베르크에 있는 알트도르프대학에 논문을 제출하고, 5개월 만에 박사학위를 취득합니다.

학위 취득과 동시에 알트도르프대학 법률학 교수에 임명되지만, 이를 마다하고 마인츠 제후의 법률고문으로 약 8년간 일하며 외교사절로서 유럽 이곳저곳을 돌아다니기도 했습니다. 이때 런던과 파리에서 데카르트, 보일 등 당대 과학계의 거물들과 접촉하여 수학적 개념과 여러 계산법을 배우면서 수학에 매력을 느끼게 됩니다. 특히 고대 그리스 수학자인 아르키메데스와 아폴로니우스의 수학적 업적에 감탄한 나머지 다음과 같은 말을 남기기도 했습니다.

아르키메데스와 아폴로니우스를 이해하는 이는 후대 최고의 인물이 이룩한 업적이라 할지라도 덜 존경하게 될 것이다.

특히 런던에서 호이겐스와의 만남은 라이프니츠 일생일대의 업적인 미적분법을 발견하는 계기를 마련해주었습니다.

미분과 적분
다시 생각하기도 싫겠지만, 이쯤에서 미적분법에 대해 한번 상기해

티아나의 아폴로니우스

볼 필요가 있죠? 여러분은 미적분법을 배울 때 별 어려움 없이 개념을 이해하고 문제를 척척 풀었나요? 아니면 도대체 이해가 되지 않아 며칠 밤을 불면증에 시달렸나요? 사실 수학 선생님이 무조건 외우지 말고 개념이나 원리를 이해해야 한다고, 그래야 문제도 쉽게 풀 수 있는 거라고 아무리 얘기해도 그때는 귀에 잘 안 들어왔는데요. 지나고 나서 보니 그 말이 백번 옳습니다. 물론 워낙에 어려운 개념인지라 이해 자체가 쉽지 않지만요.

음, 간단하게 미적분법의 개념에 대해 이야기하자면, 일단 미적분학은 미분학과 적분학으로 구성된 수학의 한 분과입니다. 미분은 한자로 微分, 영어로 differential calculus입니다. 한자로는 '잘게 나눈다' 그런 뜻이고요, 영어로는 '변화율'이라는 뜻입니다. 정의는 다음과 같습니다.

특정 값에서의 무한소(無限小)의 변화량

미분법은 속력이 일정하지 않고 변화하는 운동에서 각각의 시각에서의 속력을 구하는 계산을 용이하게 하기 위해 고안된 방법입니다. 시간을 매우 작은 단위로 잘게 쪼갠다는 의미에서 한자의 微分도 맞는 말이고, 변화하는 속도를 구한다는 점에서 영어의 differential calculus도 맞는 말이지요.

적분은 한자로 積分, 영어로 integral calculus입니다. 정의는 다음과 같습니다.

말 그대로 '합산한다'는 뜻입니다. 적분법은 함수의 평균값이나 곡선의 길이, 곡면으로 둘러싸인 부분의 넓이를 구하는 데 쓰일 뿐만 아니라 여러 가지 물리량을 정의하고, 계산하는 데도 매우 중요하게 사용합니다.

사실 이 미적분법에 대해서는 고대 그리스 시대부터 논해왔습니다. 앞서 언급했듯 아르키메데스도 미적분법과 유사한 개념을 고안했지만 최초로 현대적인 의미에서의 미적분법을 고안해 해석학의 발달에 지대한 영향을 끼친 인물이 바로 라이프니츠입니다. 뉴턴은 미분의 개념을 유율(fluxion), 즉 유동성의 개념으로 설명했으며, 표기법도 알파벳 위에 단순히 점을 찍는 수준이기에 여러 개의 숫자나 항이 등장하는 경우 혼동을 일으킬 수도 있습니다. 그러나 라이프니츠는 오늘날 사용하는 것처럼 미분을 정확히 differential로 정의했으며, differential의 첫 머리 글자를 딴 d를 기호로 사용하여 매우 단순하면서도 상징적인 기호 체계를 만들어냈습니다. dx 기억하시죠? dx는 x라는 변수에서의 무한히 작은 변화량을 뜻하죠.

기호로 자연의 본질을 간결하게 표현하다

라이프니츠는 기호(symbol)가 인간이 외부 세계를 이해하는 데 있어 매우 중요한 역할을 한다고 생각했습니다. 특히 수학과 같은 복잡한 사고 체계에서 간결하고 효과적인 기호를 사용하는 것이, 수학을 이해하고 손쉽게 계산하는 데 꼭 필요하다고 생각했죠.

> 기호를 통해 자연 그대로의 본질을 간결하고, 마치 사진을 찍듯이 정확하게 표현하였을 때, 대단한 발견 속에서 인간은 이로움을 목격할 수 있다. 그리고 더 나아가 사고의 노고를 놀라울 정도로 줄일 수 있다.

라이프니츠는 2진법을 만들기도 했습니다. 2진법은 0과 1의 2개 숫자만을 조합해서 사용하는 수 체계를 말하지요. 오늘날 우리에게 하루라도 없어서는 안 되는 생활필수품과도 같은 존재인 컴퓨터가 바로 이 2진법을 사용하고 있다는 사실은 알고 계시지요? 그러니까 결국 라이프니츠가 없었다면 컴퓨터도 없었을 거라는 사실! 이외에도 라이프니츠는 물리학, 생물학, 의학, 심리학, 역사학, 철학 등 다방면에 걸쳐서 대단한 업적을 남겼습니다. 안타까운 것은 그의 업적이 수많은 잡지와 편지, 미발표 원고 등에 여기저기 흩어져 있어 아직까지도 하나로 모아지지 않고 있다는 점이죠. 이것도 '라이프니츠 대 뉴턴' 논쟁에서 오랫동안 라이프니츠가 일방적으로 패했던 이유 중 하나이겠지요.

1711년 존 케일이라는 인물이 영국왕립학회의 학술지에 라이프니츠가 뉴턴의 미적분법을 표절했다는 내용의 글을 기고합니다. 라이프니츠는 케일의 원고를 취소해줄 것을 영국왕립학회에 요청하지만 영국왕립학회는 자체 조사 진행 후, 결국 케일의 손을, 아니 뉴턴의 손을 들어줍니다. 그리고 라이프니츠는 죽을 때까지 그리고 죽어서도 한참 동안 뉴턴의 표절자라는 오명을 짊어져야 했습니다.

1716년 하노버에서 두 눈을 감을 때에도 지켜보는 이 하나 없이 홀로 쓸쓸히 죽음을 맞이해야 했으며, 이후 50년간 그의 무덤은 아무런 표식도 없이 내버려져 있었지요. 수학을 비롯한 많은 분야의 학문에 엄청난 발전을 가져온 인물의 최후로는 너무 비참하다 싶은데요. 그래도 자신이 만들어놓은 미적분 기호가 뉴턴의 것을 제치고 오늘날 전 세계 수학책을 화려하게 장식하고 있음을 위안으로 삼고 편안히 잠드셨으면 하는 바람입니다.

고트프리트 빌헬름 라이프니츠 Gottfried Wilhelm Leibniz 1646~1716
독일의 수학자 · 물리학자 · 철학자 · 신학자. 신학적 · 목적론적 세계관과 자연과학적 · 기계적인 세계관의 조정을 기도하여 단자론에서 '우주 질서는 신의 예정 조화 속에 있다'는 예정조화설을 전개하였다. 수학에서는 미적분법을 확립하여 후세에 큰 공헌을 하였다.

페르마의 마지막 정리의 실마리를 풀다

무려 350년간 수많은 인재의 인생을 망치는 것으로도 모자라 심지어 저승길로까지 내몬 수학 문제가 있다면 믿을 수 있을까요? 거짓말 같지만 역사 속에 실재합니다. 바로 '페르마의 마지막 정리'로 알려져 있는 수학 문제지요. 공식은 간단합니다.

$$x^n + y^n = z^n \, (n>2)$$

어디선가 많이 본 듯한 공식 같지요? 네, 맞습니다. n의 자리에 숫자 2를 대입하면 바로 그 유명한 피타고라스의 정리가 나오지요. 이렇게 말입니다. $x^2 + y^2 = z^2$.

사건의 발단은 이렇습니다. 17세기 프랑스의 아마추어 수학자이던 피에르 페르마는 디오판토스가 쓴 고전인 《산학》의 사본을 읽던 중 피타고라스의 정리를 마주하게 됩니다. 그리고 여백에 이런 문구를 남긴 것이지요.

세제곱을 두 개의 세제곱으로, 네제곱을 두 개의 네제곱으로, 그리고 제곱을 제외한 임의의 거듭제곱을 같은 지수의 거듭제곱 두 개의 합으로 분리하는 것은 불가능하다. 나는 이에 대해 경이로운 증명을 발견했으나 여백이 충분하지 않아 적어놓을 수가 없다.

아니, 공간이 없으면 차라리 입을 꼭 다물고 아무 말도 하지 말거나, 아니면 메모지라도 붙여서 적어놓을 것이지 왜 저런 글귀를 남겨서 수많은 인재를 괴롭혔는지…… 참으로 답답하기 짝이 없는 노릇입니다. 결국 1994년이 되어서야 앤드루 와일즈와 리처드 테일러라는 두 명의 수학자가 해결하였습니다. 물론 이들이 이 문제를 푼데에는 일평생 이 문제와 씨름하고, 너무 고민한 나머지 스스로 목숨까지 끊은 선배 수학자들이 있었기에 가능한 일이었습니다.

특히 18세기의 수학자들이 해결의 실마리를 제공하는 데 큰 역할을 했는데요. 1770년에 오일러가 $n=3$일 경우를 증명하였으며, 위대한 수학자 가우스도, 그가 죽고 나서야 알려지긴 했지만 $n=3$인 경우에 대해서는 증명을 했다고 합니다. 그리고 여기서 더 나아가 n

근대 정수론의 창시자로 알려진 피에르 드 페르마

값이 일반적인 경우에 대해 증명한 이가 있었으니 바로 프랑스가 낳은 위대한 여성 수학자 소피 제르맹입니다.

편지는 수학을 싣고

1804년 11월에 가우스에게 보낸 편지에서 그녀는 페르마의 마지막 정리와 관련하여 언급한 바 있습니다.

> 저는 이 기술을 페르마의 유명한 공식인 $x^n+y^n=z^n$과 관련한 다른 고찰에 더하고자 합니다. 이 공식의 성립이 불가능함은 $n=3$인 경우와 $n=4$인 경우에 대해서만 증명이 되어 있죠. 저는 $n=p-1$인 경우에 이 공식을 증명할 수 있다고 생각합니다. 여기서 p는 $8k+1$의 형태를 갖는 소수입니다.

이후 가우스가 제르맹에게 어떤 내용의 답신을 했는지, 또 제르맹이 어떻게 증명을 했는지에 대한 자료가 남아 있지 않아 이때의 증명은 부정확했으리라 보고 있습니다. 제르맹은 십여 년이 지나 아드리앵마리 르장드르와 교류하면서 보다 완벽한 증명을 세상에

어릴 때부터 수학적 재능이 뛰어났던 제르맹

내놓지요.

가우스를 비롯한 많은 수학자와 서신으로 교류하면서, 제르맹은 배움을 얻기도 하고 자신의 생각을 나누어주기도 했습니다. 그러나 그녀에게서 오는 편지의 발신인란에는 소피 제르맹이 아닌 르블랑이라는 남자의 이름이 적혀 있었죠.

1776년 4월 1일 파리에서 태어난 소피 제르맹은 어릴 적 우연히 아버지의 서재에서 아르키메데스의 책을 읽고는 수학에 대한 열정을 품게 되었습니다. 그러나 당시는 여성에게 교육의 기회가 열려 있지 않은 탓에 그녀는 독학으로 수학을 공부해야 했습니다.

1794년 우수한 수학자와 과학자를 양성할 목적으로 나폴레옹이 파리공과대학을 개교하지만, 역시 여성에게는 입학을 허용하지 않았습니다. 제르맹은 궁여지책으로 이 대학의 수학 교수인 라그랑주의 강의록을 손에 넣어 공부를 해 나갔는데요. 아무래도 홀로 공부를 하다 보니 풀리지 않는 의문점을 해결할 길이 없었습니다. 고심 끝에 그녀는 이 대학의 학생이던 르블랑의 이름을 빌려 라그랑주 교수에게 편지를 보내기로 결심합니다. 이렇게 해서 본의 아닌 남자 행세가 시작되었던 것이지요.

제르맹은 1804년 당대의 유명한 수학자 가우스에게도 르블랑의 이름으로 편지를 보내기 시작합니다. 가우스의 저서인 《정수론 연구》를 읽고 큰 감명을 받은 직후에 말이죠. 그러나 얼마 못 가 르블랑의 실체가 사실은 여성이라는 것이 들통이 나고 맙니다. 나폴레옹이 가우스의 고향인 브라운슈바이크를 침공하자, 가우스의 안전을 걱정한 제르맹이 자신의 친구인 장군에게 그를 도와줄 것을 부탁했기 때문이지요. 르블랑이 제르맹이라는 사실을 알게 되었을 때 가우스는 놀라기도 하고 또 한편으로는 감탄하기도 했습니다.

내가 존경하는 편지 친구인 르블랑이, 믿기 힘들 정도로 똑똑한 예를 내게 보여준 유명한 인물로 변화하는 것을 목격한 데 대한 존경과 놀라움을 당신에게 어떻게 표현할 수 있을까요?

페르마의 마지막 정리를 풀 단서
이미 제르맹은 파리에서 유명 인사였습니다. 라그랑주 교수와 편지를 나누던 시절, 편지 속에서 르블랑이 비범한 인물임을 눈치 챈 라그랑주 교수가 직접 만날 것을 청했고, 결국 제르맹은 자신의 실체를 고백해야 했거든요.

그러나 우리의 관습과 편견에 따라 무한한 어려움에 직면해야만 하는 사람(여성)이 그럼에도 불구하고 이러한 장애를 극복하고 그것들의 가장 애매한 부분을 이해하는 데 성공했다면, 의심의 여지없이 그녀는 가장 고귀

350년간 수많은 과학자를 괴롭힌
'페르마의 마지막 정리'를 푼 앤드루 와일즈

한 용기와 비범한 재능과 우수한 천재성을 가졌음에 틀림없습니다.

사회적 편견 때문에 정규적인 교육 기회를 박탈당하고도 이를 극복하고 꿋꿋이 한 사람의 수학자로 일어선 제르맹의 용기를 가우스는 존경한 것 같습니다. 편지에서도 밝히지만, 아마도 가우스 자신이 제르맹과의 서신 교환으로 즐겁게, 때로는 배움을 얻으며 수학에 임할 수 있었기 때문일 것입니다.

가우스가 괴팅겐대학의 천문학 교수로 임명되어 파리를 떠나자 배움을 교환할 수 있는 친구를 잃은 제르맹은 한동안 상심해 있었습니다. 그러나 다시 수학에 몰두하여 1820년에는 임의 소수 p와 $2p+1$이 소수이면, $x^n+y^n=z^n$이 성립하지 않음을 증명해냅니다. 이때의 정수 p는 나중에 소피제르맹소수라고 이름이 붙죠. 예를 들어 2(2, 2×2+1=5), 3(3, 3×2+1=7), 5(5, 5×2+1=11), 11(11, 11×2+1=23), 23(23, 23×2+1=47) 등입니다. 이로써 제르맹은 페르마의 마지막 정리라는 난제를 해결하는 데 중요한 공헌을 하죠. 이후 수학자들이 제르맹의 결과에서 확장해 나가기를 거듭하여 결국 와일즈와 테일러라는 두 후배 수학자에게까지 이르게 됩니다.

경계를 넘나들다

제르맹은 순수수학뿐 아니라 응용수학에서도 많은 업적을 남겼습니다. '탄성체 표면'에 대한 연구로 1816년에는 〈탄성 플레이트의 진동에 관한 연구〉라는 논문을 발표하여, 현대 탄성물리학의 기초를 세우는 데에도 혁혁한 공을 세웠습니다. 프랑스 과학아카데미는 그녀의 업적을 인정하여 그녀에게 '아카데미상'을 수여하기도 했지요.

순수수학과 응용수학의 경계를 넘나들며 자유로이 사고를 펼친 제르맹과 같은 수학자가 있었기에 오늘날 수학은 무한한 발전을 이룰 수가 있었습니다. '페르마의 정리'처럼 먹고 사는 일과 관계없는 방정식 하나에 인생을 걸고 매달린 수학자들이 현실성 없어 보이기도 하지만, 실은 이러한 방정식이, 그리고 수가 모든 수학의 기초가 됩니다. 피타고라스의 정리를 기억하시죠? $x^2+y^2=z^2$이라는 하나의 방정식은, 곧 직각삼각형이라는 이차원의 도형이 되고, 삼차원의 건축물을 실제로 세우는 데 기본이 됩니다. 제르맹은 이러한 사실을 잘 알고 있었습니다.

대수학은 단지 글로 쓰인 기하학이다. 기하학은 단지 형상화된 대수학이다.

대수학은 구체적인 숫자 대신 문자를 사용하여 수학법칙을 간명하게 나타내는 수학의 한 분야입니다. 방정식을 푸는 데서 시작된 학문이지요. 기하학은 잘 아시죠? 도형을 이용하여 공간의 수리적 성질을 연구하는 수학의 한 분야지요.

소피 제르맹이 남긴 업적도 중요하지만 학문의 경계를 넘나들며 자유로이 자신의 생각을 확장시켜 나간 사고 틀도 우리에게는 중요하게 다가옵니다. 그리고 그녀는 단지 학문의 경계만이 아니라 사회적 편견이라는 경계마저도 넘어섰습니다.

여러분은, 또 나는 어떤 경계를 마주하고 있을까요? 혹시 스스로가 경계를 만들고 있는 것은 아닐까요? 제르맹의 생을 되새기며 한 번 진지하게 고민해보아야 할 숙제인 듯합니다.

소피 제르맹 Marie-Sophie Germain 1776~1831
프랑스의 수학자·물리학자. '$x^n+y^n=z^n$($n \geq 3$)를 만족하는 양의 정수해는 없다'는 페르마의 마지막 정리의 증명에 대한 결정적인 단서를 남겼다. 생전에 여성과학자라는 이유로 온갖 편견 속에 불이익을 받았지만 현재 프랑스에서 국민적 추앙을 받는 수학 천재로 인식되고 있다.

과학자의 명언으로 배우는 교양과학

확률론으로 세상에 도박을 걸다

1961년 전 세계 카지노 업계가 한바탕 홍역을 치른 사건이 있습니다. 매사추세츠공과대학의 에드워드 소프라는 수학자가 카지노에서 돈 따는 방법을 기술한 《딜러를 이겨라》를 출간한 것이 그 계기였죠.

대학에서 물리학을 전공하고 수학으로 박사학위까지 받은 소프는 아내와 함께 주말이면 라스베이거스에서 재미삼아 도박을 즐겼습니다. 특히 트럼프 카드를 받아 해당 패의 숫자 합이 21에 가까운 사람이 이기는 게임인 블랙잭에 빠져 있던 그는 자신이 알고 있던 수학적 지식, 즉 확률을 도박에 십분 활용하였습니다. 바로 게임 참가자에게 나눠주는 카드 패의 흐름을 기억한 후 남은 카드를 추적하는 '카드 카운팅' 기술이었죠.

소프는 이 기술로 재력가로부터 받은 1만 달러를 30시간 만에 라스베이거스 카지노에서 두 배로 불려 자신의 이론을 손수 증명했습니다. 이 뉴스를 전해들은 사람들이 어떤 반응을 보였을지는 불 보듯 뻔하죠? 네, 너도나도 서점으로 달려가 소프의 책을 손에 쥐고 라스베이거스로 달려갔지요. 당황한 카지노 업계는 손실을 막으려고 블랙잭의 규칙을 바꾸기도 했지만, 새로운 규칙이 적용되는 게임을 사람들이 거부하자 할 수 없이 원래대로 돌아가는 촌극이 벌어지기도 했습니다.

실제로 수학자 중엔 도박에 능하거나, 그게 아니더라도 도박에 지대한 관심을 쏟는 이들이 꽤 있습니다. 특히 도박의 승률이라는 것이 확률과 밀접한 관계에 있기 때문에 확률을 분석할 줄 아는 능력이 뛰어나면 도박에서 돈을 딸 가능성도 커지지요. 1990년대에 MIT 출신 수학 천재들이 5년 동안 미국 전역의 카지노를 종횡무진으로 다니며 수백만 달러를 챙긴 일화도 꽤 유명합니다. 또 이와 반대로 위 소프의 예에서처럼 수학자들이 도박 게임의 승률과 성공 전략을 수학적으로 증명하여 새로운 확률, 통계 이론으로 발전시키는 일도 역사적으로 흔한 일입니다. 사실 수학의 확률 이론은 도박을 통해 탄생하였다고 해도 과언이 아닙니다.

사이클로이드를 연구하는 파스칼(오귀스탱 파주, 루브르박물관)

과학자의 명언으로 배우는 교양과학

베팅을 할 때 도박사가 느끼는 흥분은 그가 그 게임에서 이길 가능성을 넘어설 때 느끼는 감정과 동일하다.

확률 이론의 창시자로 불리는 17세기 수학자이자 종교사상가인 파스칼이 한 말입니다. 파스칼은 1654년 친구인 도박사 드 메레로부터 주사위를 이용한 도박에 관한 문제를 해결해달라는 요청을 받습니다. 문제는 이랬습니다.

솜씨가 서로 비슷한 두 명의 도박꾼이 게임이 다 끝나기 전에 도박판을 떠나려고 한다. 이미 끝난 게임의 결과에 따라 점수와 포인트가 분배되어 있다면, 어떤 비율로 그들에게 판돈을 분배하는 것이 바람직한지를 찾아라.

파스칼은 두 도박꾼이 이기고 지는 확률을 확인해 돈을 나눠야 한다고 보고 동료 수학자인 페르마와 편지로 계산법을 논의했습니다. 파스칼은 이항계수를 삼각형 모양의 기하학적 형태로 배열하는 기법을 동원하면 문제에 대한 해법을 찾을 수 있다고 확신합니다. 나중에 이 수학적 기법은 파스칼의 삼각형이라는 이름으로 불리게 되는데요. 파스칼이 처음으로 만들어낸 것은 아니나 파스칼에 의해 그 흥미로운 성질이 가장 많이 밝혀졌기 때문에 그의 이름을 붙여 부르고 있습니다.

파스칼의 삼각형, 파스칼의 원리

첫 번째 줄에 숫자 1을 하나 적습니다. 그런 다음, 바로 윗줄의 왼쪽 숫자와 오른쪽 숫자를 더해 다음 줄의 원소를 만들지요. 이런 식으로 쭉쭉 내려가면 다음과 같은 피라미드 모양의 숫자 탑이 만들어집니다.

$$
\begin{array}{ccccccccccccccc}
 & & & & & & & 1 & & & & & & & \\
 & & & & & & 1 & & 1 & & & & & & \\
 & & & & & 1 & & 2 & & 1 & & & & & \\
 & & & & 1 & & 3 & & 3 & & 1 & & & & \\
 & & & 1 & & 4 & & 6 & & 4 & & 1 & & & \\
 & & 1 & & 5 & & 10 & & 10 & & 5 & & 1 & & \\
 & 1 & & 6 & & 15 & & 20 & & 15 & & 6 & & 1 & \\
1 & & 7 & & 21 & & 35 & & 35 & & 21 & & 7 & & 1 \\
\end{array}
$$

각각의 줄에 있는 수들은 다각수(figurate number)라 불리는데요. 바로 이항식 $a+b$의 거듭제곱 $(a+b)^n$을 이항정리로 전개했을 때 각 항의 계수, 즉 이항계수를 나타냅니다. 예를 들어 $(a+b)^2$를 전개하면 $a^2+2ab+b^2$이 나오지요. 피타고라스 삼각형의 세 번째 줄을 확인해 보면 1 2 1이 나옵니다. 이 삼각형은 매우 간단한 덧셈을 이용해 만든 것이지만 셈하기, 지수, 대수, 기하학적인 양식, 수론 사이의 관계를 설명하는 데 매우 유용한 도구입니다. 특히 조합(combination)이나

과학자의 명언으로 배우는 교양과학

이항정리(binomial theorem)와 연관되어 그 의미는 더욱 풍부해지죠.

파스칼은 어떠한 정규 수학 교육도 받지 않은 이력이 특이합니다. 1623년 프랑스 클레르몽에서 태어난 파스칼은 열성적이면서도 교육관이 남달랐던 아버지 덕분에 어린 시절 내내 집에서 교육을 받습니다. 라틴어와 그리스어 등의 언어 교육이 다른 교육에 우선되어야 한다고 생각한 파스칼의 아버지는 열다섯 살 이전에는 수학을 공부하지 못한다는 다소 '이상한' 원칙에 따라 파스칼을 직접 가르쳤죠.

그러나 수학에 대한 파스칼의 호기심은 나날이 커져 열두 살 무렵에는 삼각형의 내각의 합이 180도라는 사실을 스스로 깨우치게 됩니다. 결국 아들의 호기심과 천재성에 굴복한 아버지는 파스칼에게 유클리드의 《기하학원론》을 건네주죠. 건강이 좋지 않았던 파스칼은 서른아홉이라는 이른 나이로 세상을 뜰 때까지 하루도 아프지 않은 날이 없었을 만큼, 낮이면 소화불량, 밤이면 불면증 등으로 시달리면서도 공부를 게을리하는 일은 절대 없었다고 합니다.

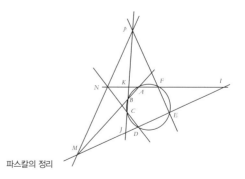

파스칼의 정리

그리고 열여섯 살 되던 해인 1638년, 그 유명한 '파스칼의 정리'가 담겨 있는 《원뿔곡선 시론》을 발표하게 되지요. 파스칼의 정리를 간단히 하면 다음과 같습니다.

만일 임의의 육각형이 원뿔곡선에 내접하고, 각 면에 마주한 쌍의 점들을 계속 연장하면, 결국 그들이 만나게 되는데, 이때 세 개의 교차점은 일직선상에 놓이게 될 것이다.

파스칼의 정리는 사영기하학(射影幾何學, projective geometry)이라고 하는, 19세기에 탄생하게 되는 비유클리드 기하학에서 중요한 역할을 하게 됩니다. 사영기하학이 도대체 무엇을 연구하는 학문인지 모르겠죠? 그러나 그 뜻을 풀어보면 그 정체가 바로 드러납니다. 한자로 '射影'은 물체의 그림자가 비치는 것을 말합니다. 기하학이 도형을 다루는 학문이니 결국 도형에 빛을 비춘다고 가정하여 평면에 비친 그림자를 연구하는 학문이지요. 영어 이름을 들여다보면 더욱 이해가 빠를 겁니다. 프로젝터 아시죠? 슬라이드나 투명지 위의 사진이나 그림 등을 렌즈를 통해 스크린 위에 확대 투영하는 일종의 광학 장치지요. 프로젝터에서 예상되듯이 projective라는 단어는 '투사의', '투영의'라는 뜻이 있습니다. 르네상스 시대에 미술계에 새 바람을 몰고 온 원근법(遠近法, perspective)이 바로 이 사영기하학에서 나온 것입니다.

파스칼은 열여덟 살에는 '파스칼라인'이라고도 불리는, 오늘날 전자계산기의 선조 격인 계산기를 발명하기도 했으며, 1952년 무렵에는 유체 정역학의 확립에 초석이 되는 '파스칼의 원리'를 정립합니다.

> 밀폐된 용기 속 액체의 어느 지점에서든 압력이 증가하면, 그 용기 속 모든 지점에서 동일하게 압력이 증가한다.

수압기나 유압기 등의 기계가 바로 파스칼의 원리를 응용해 만든 것입니다. 파스칼은 토리첼리의 수은 기압계 실험에 관심을 두고 연구하던 중 이 원리를 발견했다고 합니다. 당시 유럽에서는 아리스토텔레스의 자연철학을 따르는 게 대세여서 '자연은 진공을 싫어한다'며 진공의 존재를 부정했지요. 그러나 파스칼의 유체를 이용한 압력에 관한 여러 실험에서 진공에 대해 새로운 시각을 갖게 되었으며 자연철학에서 벗어나 근대적 과학관이 자리를 잡을 수 있었습니다. 유체의 압력과 관련한 파스칼의 업적이 인정되어 오늘날 압력의 단위로 그의 이름을 딴 pascal(Pa)을 쓰고 있습니다.

생각하는 갈대
페르마와 편지를 주고받으며 확률 이론의 꽃을 막 피우기 시작하던

파스칼이 만든 세계 최초의 계산기 파스칼라인
(Pascaline)

무렵인 1654년, 파스칼은 타고 가던 마차가 강물에 빠져 죽을 뻔한 고비를 넘긴 후, 강렬한 종교적 체험을 하고 포르루아얄에 있는 한 수도원으로 들어갑니다. 파스칼 하면 곧이어 떠오르는 게 "인간은 자연에서, 그것도 가장 약한 갈대에 불과하다. 그러나 생각하는 갈대다."라는 명언일 겁니다. 이와 같은 주옥 같은 명문구가 담겨 있는 에세이집 《팡세》를 집필한 것도 바로 이 수도원입니다.

"인간은 생각하는 갈대"라는 명언은 다음과 같이 이어집니다.

> 우주는 인간을 때려눕히기 위해 팔을 뻗을 필요가 없다. 한 개의 물방울이나 수증기로 인간을 죽일 수 있다. 그러나 우주가 인간을 공격한다면 인간은 그를 죽인 살인자보다 더 고귀하게 변할 것이다. 왜냐하면 인간은 자신이 죽어가면서도 우주가 준 교훈이 무엇인지를 알기 때문이다. 그러나 우주는 전혀 모른다.

비록 물방울 하나에도 휘청하고 휘어지는 갈대처럼 인간은 연약하지만, 사고할 줄 아는 능력이 있기에 어떤 어려움에도 아랑곳없이 인간은 위대할 수 있습니다. 평생을 엄청난 육체적 고통으로 힘들어한 파스칼에게, 병마와 싸우고 고통을 잊는 유일한 수단은 사고하는 것이었습니다. 실제로 파스칼의 마지막 업적인 사이클로이드(cycloid) 연구는 지독한 치통을 잊으려 선택한 방편이었다고 합니다. 어려운 수학적 문제를 놓고 고민하고 연구하는 동안에는 모든 신경이 그리로 쏠려 육체적 고통마저 잊을 수 있었던 것이지요. 사이클로이드는 원을 직선 위에서 굴릴 때 원 위의 한 점이 그리는 곡선을 말합니다. 삼각형의 각과 변을 나타내는 법칙인 사인 법칙과 코사인 법칙을 배울 때 좌표 위에 그려지는 파도 모양의 곡선 기억나죠? 그게 바로 사이클로이드입니다.

인간이 위대한 이유는 사고하는 힘이 있기 때문이다.

인간은 확실히 사고하기 위해 태어났다. 인간의 존엄성과 장점이 거기에 있다. 그리고 인간의 의무 또한 생각하는 데 있다.

자신이 말한 대로 파스칼은 짧고도 힘든 생이었지만, 살아 있는 동안 인간의 의무를 충실히 이행하여 후대의 사람들에게 훌륭한 본보기가 되어준 것 같습니다.

블레즈 파스칼 Blaise Pascal 1623~1662
프랑스의 사상가 · 수학자 · 물리학자, 현대 실존주의의 선구자로, 예수회의 방법에 의한 이단 심문을 비판하였다. 〈원뿔곡선론〉, 〈확률론〉을 발표하였으며, '파스칼의 원리(파스칼의 삼각형)'를 발견하였다.

푸앵카레 Jules Henri Poincaré

직관으로 자연의 규칙을 추측하다

과학 전문지 《사이언스》는 매년 연말 그해를 빛낸 10대 과학 뉴스를 발표하는데, 특히 그중에서도 1위에 누구의 어떤 업적이 오르는지가 초미의 관심사입니다. 그런데 2006년에 세계 7대 수학 난제 중 하나인 '푸앵카레 추측'을 증명한 연구가 1위에 올랐습니다.

1904년 프랑스의 수학자이자 물리학자인 푸앵카레가 한 논문에서 '단일 연결인 3차원 다양체는 구면과 같은 것인가' 하는 문제를 제기하면서 비롯된 푸앵카레 추측은 100년 가까이 수많은 수학자의 속을 끓인 끝에 2003년 러시아 수학자 그리고리 페렐만의 손에

과학철학자나 다름없던 푸앵카레

서 그 실마리가 풀립니다. 그리고 페렐만의 논문을 토대로 2006년 중국 칭화대학의 차오화이둥 교수가 증명을 완성합니다. 특히나 푸앵카레 추측의 해결에 수학자와 일반인의 관심이 몰린 이유는, 난 공불락처럼 보이는 문제를 과연 인간의 머리로 풀어낼 수 있을 것인가에 대한 일종의 호기심도 있지만, 그보다도 이 문제에 100만 달러나 되는 상금이 걸려 있다는 것이 더욱 컸습니다.

수학의 7대 난제

1999년 미국의 억만장자인 랜던 클레이라는 인물이 자신의 고향인 매사추세츠주의 케임브리지에 수학 연구를 장려하고 지원할 목적으로 '클레이 수학연구소'를 설립합니다. 그는 곧 존 테이트와 마이클 아티야 등 현존하는 최고의 수학자에게 지금까지 수학계에서 풀리지 않은 일곱 가지 난제를 선정해달라고 부탁하였고, 결국 2000년에 이 중 하나라도 해결하는 사람에게 각각 100만 달러라는 거액의 상금을 지급하겠다는 선언을 하지요. 새로운 천년이 시작되는 2000년에 만들어졌다고 해서 '밀레니엄 난제'라고도 불리는 클레이 7대 난제는 다음과 같습니다.

푸앵카레 추측의 실마리를 푼 그리고리 페렐만

과학자의 명언으로 배우는 교양과학

1. 소수 속에 담긴 패턴에 관한 리만 가설

2. 양자물리학에서 나온 '원자 양-밀스 이론'과 '질량 간극 가설'을 수학적으로 입증하는 양-밀스 이론과 질량 간극 가설

3. 알고 보면 쉬운 문제가 답을 알기 전에도 쉬운 문제인지를 증명하는 P 대 NP 문제

4. 기체와 유체의 흐름을 기술하는 편미분 방정식의 해를 구하는 나비어-스토크 방정식

5. 타원 곡선을 유리수로 정의하는 방정식에 관한 버츠와 스위너톤 다이어 추측

6. 어떤 대상체도 모두 기하학 조각의 조합이라는 사실을 증명하는 호지 추측

7. 단일 연결인 3차원 다양체는 구면과 같은 것인가에 대한 푸앵카레 추측

이 난제의 대부분이 한 사람의 직관에 의해 탄생했다는 점이 흥미롭습니다. 천재적인 직관을 가진 단 한 명의 수학자 때문에 수백 명, 많게는 수만 명의 후배 수학자가 골머리를 싸매고, 그 해법과 증명할 방안을 찾고자 평생을 바쳤다는 것이죠. 어쩌면 수학이라는 학문 자체가 가진 속성 탓인지도 모르겠습니다. 어느 날 갑자기 번쩍하고 떠오른 아이디어를 어떻게 증명할 수 있을까 고민하며 수학이 발전하는 것이지요. 푸앵카레도 이와 비슷한 말을 남긴 적이 있습니다.

우리는 논리를 통해서 증명하고 직관을 통해서 발명한다. 그 결과, 직관에 의해서 배양되지 않은 논리는 무용지물이다.

카오스의 가능성을 계산하다

푸앵카레는 순수수학 및 응용수학, 이론물리학, 천체물리학 등 다양한 분야에서 큰 발자취를 남긴 프랑스의 수학자이자 '과학이란 무엇인가', '과학적 방법이란 무엇인가'에 대해 고민한 과학철학자입니다.

1854년 프랑스 로렌주 낭시에서 태어난 푸앵카레는 어려서부터 수학에서 크게 두각을 나타냈습니다. 수학 문제를 어찌나 척척 풀어대던지, 그의 수학 선생님은 푸앵카레를 가리켜 '수학 괴물'이라 불렀다고 하죠. 1873년에 파리 이공과대학에서 수학을 전공하고 광산 학교로 옮겨 잠시 광산 기사의 길을 걷지만, 다시 수학으로 돌아와 1878년 파리대학에서 미분방정식론 연구로 박사학위를 취득합니다. 그리고 죽을 때까지 프랑스 학계를 이끌며, 30권 이상의 저서와 500편 이상의 논문을 남겨 수학과 물리학의 발전에 혁혁한 공을 세웠지요.

1911년 벨기에 솔베이회의에서의
푸앵카레와 마리 퀴리

과학자의 명언으로 배우는 교양과학

현대 물리학에서 카오스 이론(Chaos Theory)이 탄생하는 토대를 마련해준 '3체문제(three-body problem)'에 대한 연구가 푸앵카레의 성과입니다. 카오스 이론은 다들 잘 아시죠? 양자역학, 상대성이론에 이어 20세기에 물리학 분야의 세 번째 대혁명으로 여겨지는 카오스 이론은 1960년대에 매사추세츠공과대학의 기상학자인 로렌츠가 '나비효과'를 발견하면서 널리 알려졌습니다. 소설 《쥬라기 공원》과 동명의 영화에 나오면서 더욱 유명해진 나비 효과는 "나비의 날갯짓이 공기 중에 아주 작은 변화를 일으키고, 결국에는 토네이도를 불러온다."는 내용입니다.

당시 로렌츠는 기상 현상을 단순한 수학 방정식 몇몇을 사용하여 기술하는 과정에서 초기 조건의 미세한 차이가 시간이 흐름에 따라 점점 커져, 마침내 결과는 엄청나게 큰 차이를 보인다는 것을 컴퓨터의 도움으로 발견했습니다. 그러나 '초기 조건에 민감한 의존성'이라고 하는 개념은 이미 푸앵카레가 3체문제를 통해 밝힌 바 있습니다.

3체문제란 쉽게 말하면, A, B, C 세 개의 물체가 만유인력으로 서로 당기며 운동할 때, 그 궤도를 구하는 문제입니다. 두 개의 물체는 뉴턴의 만유인력의 법칙과 운동 법칙으로 설명할 수 있습니다. 하지만 제3의 물체가 끼어들면 뉴턴의 방정식으로는 한계가 있지요.

더 나아가 물체의 수가 n개로 확장되면 n체문제(n-body problem)가 됩니다. 태양과 9개의 행성, 그리고 수많은 소행성과 위성으로 이루어진 태양계는 바로 이 n체문제에 해당이 되지요. 오래전부터 과학자들은 *n*체문제와 관련하여 '과연 태양계가 안정된 상태인가'에 대해 의문을 품었습니다. 1887년 스웨덴의 국왕 오스카 2세는 이 궁금증을 해결하기 위해 2만5000크로나의 상금을 내걸기도 했지요.

많은 질점을 가진 임의의 계를 가정해보자. 이 질점들은 뉴턴의 법칙에 따라 서로 끌어당기고 있다. 어떤 두 개의 점도 서로 겹치지 않는다는 가정하에 각각의 점의 좌표를 나타내보라. 이 좌표는 이미 알려진 시간의 함수에서 계수로서 연속적으로 표현되어야 하며, 그 값들은 모두 균일하게 수렴되어야 한다.

이 문제를 해결하고 상금을 거머쥔 사람이 바로 푸앵카레입니다. 물론 그는 *n*체문제까지는 확장하지 못하고 가장 간단한 경우인 3체문제를 통해 *n*체문제를 추측했습니다. 푸앵카레는 제3의 물체가 끼치는 아주 작은 만유인력의 효과가 행성을 그 궤도상에서 불안정하게 운동하거나 심지어는 태양계에서 이탈하게 할지도 모른다고 추측했습니다. 뉴턴의 중력 법칙과 운동 법칙을 따르는 단순한 동역학 계조차도 너무 복잡해서 원칙적으로 예측이 불가능하다는 것, 즉 카오스의 가능성을 알아챘던 것이지요. 80년이 흐르고서야 그의 가설은 컴퓨터로 증명이 되었습니다. 얼마나 뛰어난 직관력의 소유자이기에, 어떻게 엄청난 양과 질의 계산력을 자랑하는 컴퓨터라야 풀 수 있는 이런 문제를 생각해낼 수 있었을까요?

푸앵카레는 벌이 이 꽃 저 꽃을 날아들 듯 무척 부지런하게 여러

가지 일을 해결했으며, 특히 기억력이 비상하기로 유명했습니다. 한번 읽은 문구는 몇 페이지 몇째 줄에 있는지까지 정확히 기억했다고 하지요. 그리고 모든 계산은 머릿속에서 완벽히 마친 후에야 종이에 적어 내려갔다고 합니다. 시력이 나쁜 탓에 그러한 능력이 발달했을 것이라는 이야기도 있지만, 어쨌든 대단합니다.

사실은 스스로 말하지 않는다

수학과 물리학 분야에 셀 수 없이 많은 업적을 남긴 것 외에도 푸앵카레는 과학이 일반인에게는 매우 거리가 먼 대상이던 시절에《과학과 가설》(1901), 《과학의 가치》(1905), 《과학과 방법》(1908) 같은 대중 과학서를 저술하여, 과학과 대중의 간극을 좁히려고 노력하기도 했습니다. 이 중에서도 특히 《과학과 가설》은 오늘날까지도 과학적 방법론의 근본으로 평가되며 과학사에서 가치가 높습니다.

> 과학을 하는 사람은 반드시 방법과 함께 일해야 한다. 집이 돌로 지어진 것처럼 과학은 사실로 지어진다. 그러나 돌무더기가 집이 되는 것이 아니듯, 사실이 모인다고 과학이 되는 것은 아니다. 그중에서도 가장 중요한 것은, 과학을 하는 사람은 반드시 예측할 수 있어야 한다는 것이다.

과학은 사실을 바탕으로 하되, 논리적이고 체계적인 방법으로 검증되어야 한다는 내용이지요. '사실은 알려주지 않는다(Facts do not speak)'라는 뜻입니다.

과학 기술이 발달하고, 분야가 세분화되면서 과학적 사실을 검증하는 방법 또한 매우 전문화되고 있습니다. 그 분야의 전문가가 아니면 진실로 과학적인 방법을 통해 도출된 연구 성과인지 아닌지를 가늠하기가 어려워진 것이죠. 그러므로 누구보다 과학을 하는 과학자 스스로 진정한 과학적 연구란 어떤 것이어야 하는지를 고민하고, 실험으로부터 도출된 결과를 철저히 검증해야 합니다.

푸앵카레도 말했듯, 돈이든 명예든 어떤 목적을 가지고 과학을 해서는 안 됩니다. 목적에 눈이 먼다면 과학은 이미 진리 탐구가 아닌, 목적 달성을 위한 도구로 전락하게 마련이거든요.

과학자는 유용해서가 아니라 희열을 느끼기 때문에 자연을 연구한다. 그리고 과학자는 자연이 아름다워서 기뻐한다. 만약 자연이 아름답지 않다면 알아야 할 가치가 없다. 그리고 자연이 알 가치가 없다면 인생 또한 살 가치가 없다.

쥘 앙리 푸앵카레 Jules Henri Poincaré 1854~1912
프랑스의 수학자·물리학자·천문학자. 수론, 함수론, 미분방정식론과 상대성이론, 양자론 등을 연구하였으며, 천문학의 3체문제 연구로 결정론적 복잡계를 발견하여 현대적인 혼돈이론의 기초를 마련하였다.

가우스Carl Friedrich Gauss

수학은 모든 과학의 왕이다

춤이면 춤, 노래면 노래, 하나의 분야에 특출한 재능을 가진 꼬마 아이들이 나와 자신의 기량을 마음껏 뽐내고, 관객이나 시청자로부터 감탄을 자아내게 하는 TV 프로그램이 종종 있습니다. 이런 아이들을 신동이라고 하죠?

요즘에는 워낙 대중 예술 분야로 치중된 감이 없잖아 있습니다만, 예전에는 주산 신동이나 암산 신동, 바둑 신동 같은 아이들이 참 많이 눈에 띄었습니다. '2648732096423×463420954532=?'과 같은, 어찌 보면 황당무계하기만 한 문제를 몇 초도 안 걸려 척척 대답하는 아이들을 보면 정말 신기하기 짝이 없는데요. 우리나라를 포함한 인도, 대만, 일본 등의 아시아권이 유독 타 지역에 비해 암산 및 계산 능력이 월등히 뛰어나다고 하지요. 암산 부문 세계 신기록으로 기네스북에 올라 있는 사람도 바로 대한민국 국민이라는 사실!?

만약 18세기에 신동을 소개하는 방송 프로그램이 있었다면, 전격 캐스팅되어 단박에 스타가 되었을 암산 신동이 한 명 있었습니다.

바로 카를 프리드리히 가우스입니다. 가우스가 아홉 살 무렵, 요즘으로 치면 초등학교에 다니고 있을 나이인데요. 수업 시간에 아이들이 하도 떠들자 한동안 잠잠하게 만들 요량으로 선생님이 문제를 하나 던져줍니다. 1부터 100까지의 모든 수를 더한 합을 구하라는 문제였죠. 아무래도 1부터 100까지를 다 더하려면 시간이 꽤 걸릴 테니, 그동안은 좀 조용하지 않겠나 하고 선생님은 생각했겠죠? 그런데 선생님이 칠판에 문제를 적고 뒤돌아서기가 무섭게 답을 말한 학생이 하나 있었으니, 그가 바로 가우스입니다. 어떻게 그렇게 빨리 풀었느냐고요? 방법은 이랬습니다.

'1+2+3+4+…+97+97+99+100=?'라는 식에서 가우스는 첫 번째 수와 마지막 수를 더해 보았습니다. 그러면 1+100=101이지요. 그리고 두 번째 수와 마지막에서 바로 앞에 있는 수도 더해 보면 2+99=101입니다. 이런 식으로 몇 개를 해보면, 3+98=101, 4+97=101이 나오고, 계산을 다해보지 않아도 마지막에 가서는 50+51=101이 나오리라 예상이 되지요?

결국 100까지의 수를 반으로 나눈 50개의 쌍이, 그 합이 모두 101

가장 뛰어난 수학자로 추앙받는 가우스

과학자의 명언으로 배우는 교양과학

이 나오므로 $50 \times 101 = 5050$이라는 답이 나옵니다. 가우스가 푼 방법은 1부터 100까지뿐만이 아니라 1부터 1000, 1부터 10000까지 등 일반화가 가능합니다. 오늘날에는 이 방법을 일반화해서 1부터 n까지의 합을 구할 때에는 $\frac{n(n+1)}{2}$ 이라는 공식을 사용하고 있습니다.

카를 프리드리히 가우스는 이른바 수학적 엄밀성과 완전성을 도입하여 근대 수학을 확립하였습니다. 그뿐 아니라 기하학과 천체역학, 전자기학, 측지학 등 수많은 분야에 커다란 공헌을 한 과학자이기도 하죠. 이렇게 다양한 분야에 큰 발자취를 남길 수 있었던 데에는 그의 타고난 계산 능력과 암산 능력이 영향력을 발휘했던 듯합니다.

소행성 궤도를 맞히다

1801년에 이탈리아의 천문학자 피아치가 소행성 케레스(Ceres)를 발견하였습니다. 하지만 단 며칠만 관찰할 수 있었을 뿐이죠. 케레스의 궤도 문제는 단숨에 '뜨거운 감자'로 천문학계에 떠올랐고, 수많은 천문학자가 골머리를 싸매게 되었습니다. 이때 가우스는 케레스의 궤도를 계산해내어, 언제 정확하게 어느 위치에서 관찰할 수 있는지를 예측했습니다. 물론 그가 계산한 바로 그 시간과 장소에서 케레스를 다시 관측할 수 있었고요.

정확성에 놀란 사람들이 어떻게 해서 그렇게 정확하게 케레스의 궤도를 예측했나 하고 가우스를 찾아가 물어보자, 가우스는 "난 대수(對數)를 사용했다네." 하고 대답했지요. 수학 시간에 지수로그함수 배우셨죠? 그때 나오는 로그(log)가 바로 대수입니다. 로그는

17세기에 영국의 수학자 존 네이피어가 고안한 것으로, 큰 수의 계산을 쉽게 할 수 있어 후에 수학뿐 아니라 천문학 등에서 널리 사용되었습니다.

질문자는 또다시 가우스에게 어떻게 그렇게 빨리 많은 수를 한눈에 쳐다볼 수 있는지를 물었다고 합니다. 가우스가 뭐라고 대답했을까요?

쳐다보긴 누가 쳐다본다고 그래? 난 그냥 머릿속에서 계산을 할 뿐이라고.

일반 사람들은 눈앞에 놓여 있는 수들을 일단 모두 쳐다보고 어떻게 수를 다루어야 할지를 생각해본 다음에야 본격적인 계산에 들어가는데, 가우스는 수들을 보는 동시에 이미 머릿속에서 계산을 하고 있다는 이야기지요. 정말 천재라고밖에 표현할 수 없는 암산 능력이 아닌가 싶습니다.

가우스는 어릴 적부터 뛰어난 계산 능력으로 이름이 나 있었습니다. 1777년 2월 23일 독일의 브라운슈바이크에서 태어난 가우스는 세 살 때 이미 아버지가 장부에 숫자를 써넣는 것을 어깨너머로 보고 계산이 잘못되었음을 지적했을 정도라고 하죠. 그러나 가난한 집안 사정과 아버지의 반대로 학업을 잇는 데 무척 어려움을 겪었습니다. 다행히 어머니와 외삼촌의 지지에, 그의 재능을 높이 산 학교 선생 뷔트너와 그의 조수 바르텔스의 도움으로 김나지움에 들어갈 수 있었습니다. 김나지움은 대학 입학을 위한 준비 교육 기관이

과학자의 명언으로 배우는 교양과학

기 때문에 대학에서 학문을 하려면 반드시 거쳐 가야만 하는 교육기관입니다. 그는 김나지움에 다니는 동안 브라운슈바이크 공작의 후원을 받아 괴팅겐대학에 입학하게 됩니다.

적지만 농익은 완벽주의자

가우스는 10대에 17각형을 자와 컴퍼스만으로 그리는 법을 발견하고, 21세의 나이에 정수론의 발전에 큰 공헌을 하게 될 세기의 역작 《정수론 연구》를 완성합니다. 그러나 이 책은 2년 후인 1801년에 출간이 되는데, 이 책뿐만 아니라 가우스의 많은 업적이 실제 이루어진 해보다 뒤늦게 세상에 알려졌습니다. 심지어는 죽고 나서야 알려진 것들도 상당하다고 합니다. 알려진 바로는, 가우스는 대단한 완벽주의자여서 스스로 이론적으로 완벽하다는 판단이 내려졌을 때에야 다른 이들 앞에 떳떳하게 내놓을 수 있다고 생각했던 것 같습니다.

그의 인생철학이 그 유명한 '적지만 농익은'이었다죠? 실제로 엄청나게 많은 사실을 밝혀냈지만, 남들보다 먼저 발견했다는 사실에

가우스가 그려진 독일의 10마르크 화폐

기쁜 나머지, 이론적으로 하자가 있는 채 세상에 내놓기보다는 내실을 기하고 좀 더 숙성시켜 완벽하다 싶은 것들만 세상에 내놓은 그의 학문적 태도와 일치하는 말입니다. 그런데 사실 완벽주의자는 곁에서 함께 생활하기에는 다소 어려운 부분이 있습니다. 자기 일에 방해받는 것을 극도로 싫어하고, 그래서 다른 이들을 신경 안 쓰기로 유명하죠. 실제로 가우스는 한참 문제를 풀고 있던 중에 아내가 위급하다는 소식을 듣자 이런 말을 했다고 합니다.

내가 문제를 다 풀 때까지 기다리라고 해.

좀, 아니, 많이 매정하다 싶죠? 그런 완벽주의자인 가우스를 견디기 어려웠던지, 그의 뛰어난 업적과 명성에도 제자가 별로 없었다고 합니다.

뭐, 어쨌든 우리의 뛰어난 천재 가우스는 케레스의 궤도를 계산해낸 것을 계기로 수학에서 천문학으로 그 시야를 옮겨갑니다. 모교인 괴팅겐대학에서 천문학 교수직을 얻게 된 것이지요. 그리고 커다란 행성이 소행성의 운동을 어떻게 교란하는지를 연구하는 등 천체 운동 이론을 수학적으로 연구하여 천체역학에 엄밀하고 체계적인 수학이 본격적으로 도입되는 초석을 마련합니다.

수학의 왕

가우스는 모든 과학의 기초가 수학이라고 생각했습니다. 또 모든 수학의 기초는 정수론이라고 생각했고요. 결국 천문학이든 물리학이든, 과학 이론의 정밀함은 수학에 기대고 있다고 보았을 때, 가우스의 말은 틀리지 않지요. 기하학이나 대수학 등 수학의 세부 분야 또한 결국은 수에 기대고 있는 것이 맞고요.

> 수학은 모든 과학의 여왕이며 정수론은 수학의 여왕이다. 그 여왕은 겸손해서 종종 천문학이나 다른 자연과학에 도움을 주기도 한다. 그러나 모든 관계(상호작용을 설명하는 이론)에서 그 여왕은 최고 자리에 오를 만한 자격이 있다.

《천체운동론》(1809)을 출간하는 등 이론 천문학에서 활발한 활동을 하던 가우스는, 1816년부터 지구 내부의 특성이나 지구의 형상과 운동을 결정하는 특성 그리고 지구 표면상에 있는 모든 점 간의 상호 위치 관계를 산정하는 측량 등을 연구하는 측지학으로 그 관심을 옮기게 됩니다. 그리고 1818년에 하노버 지역의 측량을 계기

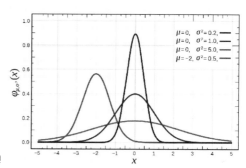

가우스가 개발한 정규분포곡선

로 본격적으로 측지학에 뛰어들게 됩니다. 1821년에 하노버의 삼각 측량과 자오선을 측정하던 중 회광기(回光器)를 발명하기도 했죠. 회광기는 평면거울에 햇빛을 반사시켜 먼 거리의 삼각점을 관측하는 데 사용하는 기계로 건물을 짓거나 땅을 측량하는 데 매우 요긴하게 쓰이고 있습니다. 이때의 연구로 오늘날 정규분포곡선이라고 부르는 가우스분포를 개발하기도 했지요. 통계를 공부하면 제일 처음 배우게 되는 종 모양의 곡선 기억하시죠? 그게 바로 가우스분포입니다.

1831년 전기학과 자기학의 연구에 몰두하고 있던 동료 베버와 공동 연구를 시작하여 1833년에는 전자석식 전신기를 고안하는 등 전자기학 분야의 새로운 지평을 열었습니다. 그러나 가우스가 새로운 분야로 관심사를 옮겼다고 해서 수학을 등한시하거나 게을리한 것은 아닙니다. 1827년에 곡면론에 관한 걸작인 《일반 곡면론》을 출간하는 등 수학적 연구도 계속 이어나갔답니다.

가우스는 1855년 2월 23일 괴팅겐의 천문대에 자리한 그의 집에서 세상을 떠날 때까지 모교인 괴팅겐대학을 한 번도 떠나지 않았습니다. 그가 세상을 떠난 직후 하노버의 왕은 가우스에게 경의를 표하는 기념 메달을 만들도록 하였습니다. 이 메달은 하노버의 유명한 조각가이며 메달 제작자인 프리드리히 브레머가 완성했는데요. 거기에는 다음과 같은 문구가 새겨져 있다고 하죠.

하노버의 왕 조지 5세가 수학의 왕에게

이후부터 가우스는 '수학의 왕'으로 일컬어지고 있습니다.

가우스는 수학의 왕답게 수학과 관련해서 무수히 많은 명언을 남 겼습니다. 그중 가장 유명한 것이 바로 '신도 수학을 한다(God does arithmetic).'죠. 하늘(천문학)과 땅(측지학) 모두에서 수학적 질서를 발견한 그에게는 이 세상을 만든 신이 그 누구보다 수학을 잘하는 천재로 여겨진 게 당연한 일이겠죠.

왕국은 정복되지 않는다

그러나 가우스는 자연을 수학으로 완벽하게 설명할 수 있다고 확신 하거나 자만하지는 않았습니다.

> 수는 순수하게 우리 마음의 산물이고, 공간은 마음 밖의 현실이기 때문 에 우리가 완벽하게 선험적으로 그 가치를 규칙으로 정할 수 없다는 사 실을 겸허하게 인정해야 할 것이다.

학문적 동지인 수학자 베셀에게 보낸 편지의 한 대목입니다. 고 대 그리스의 아르키메데스, 영국의 뉴턴과 함께 가장 위대한 3대 수

프리드리히 브레머가 만든 가우스 메달

학자로 불리는 천재가, 완벽주의자로 이름이 드높은 그가, 세계를 수학으로 완벽하게 설명할 수 없다고 생각한 사실이 다소 이상하게 느껴질지도 모르겠습니다. 그러나 그의 완벽주의는, 자연의 질서를 수학적으로 완벽하게 그려 낼 수 없다는 사실을 이미 알고 있었기에 더 가까이 다가가려는 노력의 한 방편이 아니었을까요? 21세기 첨단 과학 기술의 발달로 우리 인간은 자연을 거의 다 이해하게 되었다고 자만 아닌 자만을 품게 된 것이 사실입니다. 그러나 어쩌면 그의 말대로 우리는 단지 왕국에 팔을 뻗었을 뿐 왕국을 정복할 수는 없을지도 모릅니다. 그 사실을 받아들이고 겸허한 자세를 취하는 게 필요한 때인지도 모릅니다.

세계를 지배한 정복자들은 이 말을 새겨들어야 한다고 생각한다. 왕국은 결코 정복되는 일이 없다. 단지 그의 팔을 왕국에 뻗었을 뿐이다.

카를 프리드리히 가우스 Carl Friedrich Gauss 1777~1855
독일의 수학자 · 물리학자 · 천문학자. 대수학의 기본 정리를 증명하여 정수론의 완전한 체계를 만들었다. 최소제곱법, 곡면론, 급수론, 복소수 함수론 등을 전개하였고, 천문학 · 측지학 · 전자기학에도 업적을 남겼다.

죽는 순간까지도 모래 위에 도형을 그리다

3월 14일이 무슨 날인지 아시죠? 뜬금없이 무슨 화이트데이냐고, 화이트데이가 과학이나 과학자와 무슨 상관이 있냐며 의아해하겠지만, 사실 제가 이야기하고 싶은 건 화이트데이가 아닙니다. 바로 원주율, 즉 π(pi, 파이)입니다. π가 3.1415926535……인 건 아시죠? π의 정확한 값, 즉 π가 소수 몇째 자리까지 이어지는지에 대해서는 오늘날까지도 밝혀지지 않았습니다. 이 꼬리에 꼬리를 물고 끝없이 이어지는 알 수 없는 수에 매료된 사람들이 매년 3월 14일을 파이데이(πday)로 정해 자신들만의 기념 파티를 벌인다고 하네요. 더 정확히는 3월 14일 1시 59분인데요. π로 장식한 파이(pie)를 먹으며 누가 더 많이 외우는지 시합을 하기도 한다는군요.

π는 원의 둘레와 지름의 비를 나타내는 수학적 상수로서, 계산상의 편의를 위해 소수 둘째 자리까지 반올림한 3.14로 정해서 쓰고 있습니다. 그리스어로 '둘레'를 뜻하는 'περιφερεια'에서 첫 머리 글자를 따온 π는 기원전부터 그 대략적인 값이 알려져 있었습니다. 기

원전 17세기경의 것으로 추측되는 고대 이집트의 책 《린드 파피루스》에 "원의 넓이를 구하려면, 지름의 9분의 1을 뗀 후 그것을 제곱한다."라고 기록되어 있죠. 이 방식에 따라 계산하면 원주율은 약 3.16049……로 오늘날 알려져 있는 값과는 다소 차이가 있습니다. 하지만 고대 이집트 사람들이 피라미드 같은 뛰어난 건축물을 세운 것을 보면, 그들의 실용적인 기하학 지식이 대단했음을 짐작할 수 있습니다.

손으로 가장 긴 원주율을 계산해낸 사람은 영국의 수학자 윌리엄 샹스라고 합니다. 그는 1873년경에 소수점 이하 707자리까지 계산한 적이 있습니다. 물론 20세기 이후 이 값을 검산해본 결과 소수점 527자리까지만 정확히 맞았지만요.

우리가 흔히 쓰는 3.14, 즉 소수 둘째 자리까지 처음으로 정확하게 계산해낸 사람은 그리스 수학자 아르키메데스입니다. 당시 그리스인들은 원에 내접하는 다각형을 이용하여 원의 넓이와 둘레를 구하는 방법을 고안해냈습니다. 사각형보다는 오각형이, 오각형보다는 육각형이 원의 넓이에 가깝다는 사실에서 아이디어를 얻은 아르

부력의 원리를 발견한 아르키메데스

과학자의 명언으로 배우는 교양과학

키메데스는 무려 96각형을 만들어 원에 내접과 외접을 시켜보았습니다. 그리고 96각형의 둘레의 수치에서 얻은 원주율의 근삿값이 바로 3과 10/71(3.140845……)보다는 크고, 3과 1/7(3.142857……)보다는 작은, 즉 3.14이었습니다. 이를 기려 π를 '아르키메데스 상수'라고 부르기도 한답니다.

부력의 법칙을 발견하다

아르키메데스는 이외에도 수많은 업적과 재미난 일화들을 후대에 남긴 수학자입니다. 기원전 287년경 시칠리아 섬 시라쿠사에서 태어난 아르키메데스는 천문학자이던 아버지 피디아스 덕에 어릴 때부터 과학에 대한 소질과 재능을 유감없이 발휘할 수 있었습니다.

당시 최고의 학자, 최고의 지성인은 모두 학문의 중심지인 알렉산드리아의 무세이온에 모여들고 있었죠. 기하학의 아버지 유클리드를 비롯해 지리학과 수학의 에라토스테네스, 천문학의 프톨레마이오스, 문헌학의 칼리마코스 같은 유명한 대학자들이 바로 이곳 무세이온에서 배출되었습니다. 아르키메데스 또한 무세이온에서 수학과 기하학 등을 배웁니다. 그때 만든 나선식 펌프는 현재까지도 관개용으로 사용할 정도로 기술적으로 정밀함을 자랑하고 있지요.

유학 후 아르키메데스는 고향 시라쿠사로 돌아와 히에론 2세 밑에서 일생을 보냅니다. 목욕탕에서 벌거벗은 채 거리로 뛰쳐나와 "유레카!"를 외쳤다는 유명한 일화도 바로 이때 탄생하지요. 하루는 히에론왕이 월계수 잎 모양의 금관을 제작해올 것을 금세공 기술자에게 명하였습니다. 그런데 금관이 완성될 즈음, 금세공 기술자가 부정직하여, 은을 다소 섞어 금관을 만들었다는 소문을 듣게 되었죠.

이에 히에론왕은 아르키메데스에게 금관을 녹이거나 부수지 않고 금관을 감정해달라고 의뢰합니다. 어떻게 하면 금관이 순금으로만 되어 있는지, 아니면 은을 비롯한 다른 불순물들이 섞여 있는지를 알아낼 수 있을까 골똘히 생각하던 아르키메데스는 머릿속도 정리할 겸 목욕탕에 들어갔다고 하죠. 그리고 물속에서는 자신의 몸이 가벼워진다는 사실 속에서 바로 그 유명한 '아르키메데스의 원리'를 발견하고 "유레카"를 외치게 된 것입니다.

밀어올림의 법칙 또는 부력의 원리라고도 일컫는 아르키메데스의 원리를 간략히 정의하면 "유체 속에 빠진 물체는 대체된 유체의 무게와 동일한 부력을 경험한다."입니다. "유체에 빠진 물체의 부력은 물체가 밀어낸 유체의 무게와 같다."고 표현할 수도 있습니다.

부력은 기체나 액체 등 유체 속에 있는 물체가 그 물체에 작용하는 압력(물의 경우 수압)에 의해 중력(무게)에 반하여 위로 뜨려는 힘을 말합니다. 아르키메데스의 원리는, 즉 유체 속 모든 물체의 무게는 물체가 밀어낸 유체의 무게만큼 가벼워진다는 것을 뜻하지요. 아르키메데스가 쓴 책《부유하는 물체에 관하여》에서는 실제로 어떻게 표현했는지 살펴보겠습니다.

유체보다 가벼운 어떤 고체가 만약 유체 속에 놓인다면 고체는 가라앉

과학자의 명언으로 배우는 교양과학

아, 고체의 무게와 밀려나간 유체의 무게가 같아질 것이다.

아르키메데스는 은이 금보다 밀도(질량/부피)가 작아서, 질량이 같다면 은이 부피가 더 크다는 사실을 알고 있었습니다. 따라서 왕관과 같은 질량을 가진 순금 덩어리를 물에 빠뜨렸을 때 넘쳐 흘러나온 물의 부피와, 왕관을 물에 빠뜨렸을 때 넘쳐 흘러나온 물의 부피를 비교해보면 왕관이 순금으로 되어 있는지 아닌지를 알 수 있다는 사실을 깨달은 것입니다. 아르키메데스가 발견한 이 부력의 법칙은 오늘날 유체역학의 기본 원리입니다. 수천, 수만 톤의 철선을 물 위에 뜨게 만든 장본인이 바로 아르키메데스인 셈이지요.

아르키메데스가 정말 알몸으로 거리를 달렸는지 아니면 후세 사람들이 지어낸 말인지는 확실하지 않습니다. 그러나 발견의 기쁨에 도취된 나머지 아르키메데스가 정말로 그렇게 했을 가능성은 다분하지 않을까요? 대단한 발견에는 엄청난 흥분과 기쁨이 뒤따르게 마련이니까요. 어쨌든 이 일화에서 우리는 아르키메데스의 학문에 대한 집착과 열정이 대단했으리라 짐작할 수 있습니다. 사실 꼭 과학이 아니라도 그렇습니다. 커다란 업적을 이루고 성공하기 위해서는 그만한 열정과 끈기가 있어야 하지요.

지렛대의 법칙

아르키메데스는 부력의 법칙 외에도 수많은 수학적 원리를 정립하였습니다. 그중에는 '지렛대의 법칙'도 있죠. 물론 아르키메데스가 처음으로 지레를 만들어낸 것은 아닙니다. 하지만 지레가 작용하는 원리를 수학적으로 명확하게 규명함으로써, 이 원리를 이용한 수많은 기계들이 후대에 탄생하는 데 큰 역할을 하게 됩니다. 지렛대의 법칙을 한번 볼까요?

두 물체의 무게에 상호적으로 비례한 거리에서 힘은 평형에 도달한다.

정의만 보면 도무지 무슨 말인지 모르겠죠? 가장 가까운 예로 놀이터에 있는 시소를 한번 볼까요? 몸무게가 차이 나는 연인이 시소의 양쪽에 앉아 평형을 유지하려 한다고 칩시다. 꼭 연인이 아니더라도 어릴 적 동생이나 친구들과 한번쯤은 이런 경험이 있을 겁니다. 두 사람이 동일한 위치에 앉아 있을 경우에는 몸무게가 더 나가는 사람 쪽으로 시소가 기울지요. 그러나 만일 몸무게가 더 나가는 사람이 시소의 중심 쪽으로 이동하면 어느 지점에 이르러 평형을 유지하게 됩니다.

이것이 바로 지레의 법칙입니다. 지레의 양 끝에 작용하는 힘의 크기와 받침점까지의 길이를 각각 곱한 값은 서로 같다는 것이

지렛대의 법칙을 보여주는 아르키메데스의 그림

과학자의 명언으로 배우는 교양과학

요. 결국 지레의 받침점을 어디로 두느냐에 따라 서로 다른 무게의 물건을 들 수가 있는 것입니다. 이 지레의 법칙에서 또 아르키메데스의 명언 중의 명언이 등장합니다.

충분히 긴 지렛대와 단단한 지렛목을 주시오. 그러면 한손으로도 지구를 움직일 수 있소.

실제로는 실현 불가능한 이야기일지라도 지렛대의 원리상으로는 전혀 불가능한 것이 아닙니다. 또 은유적으로 해석해보면 '수학'이라는 도구를 지렛대 삼아 각종 실용적인 기계들을 만들어낸 아르키메데스가 결국은 세상을 움직인 셈이라는 생각이 들기도 하네요.

수학으로 로마군에 맞서다

아르키메데스는 전쟁 무기도 고안해냈습니다. 지중해의 패권을 둘러싸고 세 차례에 걸쳐 벌어진 로마와 카르타고의 전쟁 중 제2차 포에니 전쟁 때 시라쿠사는 카르타고의 편을 들어 로마군의 공격을 받았습니다. 이때 아르키메데스가 위기에 처한 시라쿠사를 구하기 위해 투석기와 기중기 등 지렛대를 응용한 신형 무기와 거울을 이용한 무기로 로마군을 괴롭혔다는 전설이 있지요. 이 거울 무기는 '아르키메데스의 죽음의 광선' 또는 '불타는 거울'이라고 불리는데요. 해변에 거울들을 서로 다른 각도로 배치한 후 거울에 반사된 햇빛이 로마군의 전함에 모이게 해 불이 붙도록 만들었다고 합니다.

최근에 이 원리를 응용한 망원경이 국내에서 개발되었습니다. 이화여대 우주망원경연구단이 개발한 MEMS(Micro Electro Mechanical System) 망원경인데요. 실리콘 재질의 초미세거울을 망원경 속에 장착하여 매우 빠른 속도로 움직이는 물체를 비출 수 있다고 합니다. 아르키메데스의 원리가 현재까지도 과학 기술의 개발에 크게 기여하고 있음을 알 수 있습니다.

아르키메데스는 실생활의 기술적인 부분에 수학을 접목시키는 데 능했습니다. 그러나 앞부분에 나온 원주율의 예에서 보듯, 그의 수학에 대한 왕성한 호기심과 사랑은 순수하게 수학적 문제를 탐구하는 데에서 비롯되었습니다. 비록 교과서에 그의 이름은 등장하지 않지만, 알고 보면 매우 근본적이면서 중요한 수학적 개념들에서도 아르키메데스의 역량이 발휘되고 있습니다. 아르키메데스의 공리만 해도 그렇습니다.

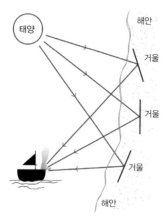

'죽음의 광선'이라는 무기의 거울 원리

x를 어떤 실수라고 보았을 때, x보다 큰 실수 n이 반드시 존재한다.

아르키메데스의 공리는 실수의 무한성과 직선 위 점의 연속성 등을 말하는 데 사용됩니다. 아마 수학 책에서 한 번쯤 본 적이 있을 텐데요. 이 공리를 응용하여 대수학에서 다른 많은 공리가 탄생하게 되었지요. 아르키메데스가 기하학의 증명, 특히 원과 구에 대한 문제에 매우 열정적이었음은 또 하나의 일화에서 증명이 됩니다. 시라쿠사가 로마군에게 함락되던 날, 뜰의 모래 위에다 원을 그리며 기하학 연구에 몰두하고 있던 아르키메데스에게 그림자 하나가 다가옵니다. 차마 그게 로마군 병사의 그림자일 줄은 몰랐던(어쩌면 알아도 마찬가지였을 것 같습니다만) 아르키메데스는 이렇게 말했죠.

"내 원을 방해하지 마라." 또는 이렇게 전해집니다. "내 도형에서 물러나거라."

죽는 순간까지도 원을, 도형을, 수학을 사랑해 마지않던 아르키메데스. 그리스의 역사학자 플루타르코스는 그런 아르키메데스에 대해 이렇게 남기고 있습니다.

그는 그의 모든 열정과 야망을, 삶의 세속적인 욕구와 전혀 상관이 없는 순수한 사색에 두었다.

아르키메데스 Archimedes BC 287~BC 212
고대 그리스의 수학자·물리학자. 원이나 구 따위의 구적법, 지레의 원리, 아르키메데스의 원리 등을 발견하였다. 《구와 원기둥에 대하여》, 《평면의 평형에 대하여》, 《포물선의 구적》, 《방법》 등의 저서가 있다.

유클리드Euclid
점과 선과 면으로 이성을 다듬다

역사상 가장 많이 팔리고, 가장 많이 번역되고, 가장 많이 읽힌, 동서고금을 막론한 초유의 베스트셀러가 어떤 책인지 아시나요? 예, 바로 《성경》입니다. 4세기경 로마가 기독교를 국교로 정하면서 현재와 같은 체제의 성경이 마련된 이후 2019년 말 현재까지 3395개 언어로 번역이 되어 전 세계에서 읽히고 있습니다. 정말 대단하죠!

그럼, 그다음으로 많이 팔리고, 많이 번역되고, 많이 읽힌 책은 어떤 책일까요? 《해리포터》 아닙니다. 바로 유클리드(그리스어로는 에우클레이데스)의 《기하학원론》입니다. 기원전 3세기경에 쓰인 것으로 알려진 《기하학원론》은 그 후 2000년이 넘는 기간 동안 최고의 수학 교과서로 군림해왔습니다. 또 프톨레마이오스의 《알마게스트》와 더불

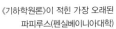

《기하학원론》이 적힌 가장 오래된
파피루스(펜실베이니아대학)

어 역사상 가장 오래 읽힌 과학 책으로 꼽히기도 하죠.

《기하학원론》을 누가 언제 어디서 쓴 것인지에 대한 정확한 정보는 알려져 있지 않습니다. 특히 서문이 없어 저자에 대한 흔적조차 찾을 수가 없지요. 다만 유클리드와 동시대를 살았거나, 보다 후대에 활동한 학자들의 문헌 속에서 이 책과 관련하여 유클리드의 이름이 자주 언급되고 있어 유클리드의 저작이라고 믿을 뿐입니다. 이 책과 마찬가지로 유클리드에 대해서도 거의 알려진 바가 없습니다. 기원전 300년경 이집트의 알렉산드리아에서 활동한 수학자라는 사실만 전해오고 있지요.

당시 알렉산드리아는 정치, 경제, 문화의 중심지로서 최고의 번성기를 누리고 있었습니다. 기원전 336년에 마케도니아의 왕으로 즉위한 위대한 지도자 알렉산더는 그리스를 비롯한 소아시아, 이집트 등지로 영토를 넓히던 중 나일강에 인접한 한 도시를 자신의 이름을 따 알렉산드리아라 명명하였습니다. 그 후 알렉산더 대왕이 젊은 나이로 서거하자 부하 중 가장 탁월한 정치가이던 프톨레마이오스가 이집트 지역에 군림하여 알렉산드리아를 수도로 정하고 대형 도서관과 박물관, 식물원 등을 건립하죠.

그중 그의 최고 업적으로 평가되는 것이 바로 무세이온이라는 학교를 설립한 일입니다. 무세이온은 예술과 과학을 수호하는 뮤즈의 아홉 여신이 모이는 장소라는 뜻으로, 당대 최고의 학자들이 이곳에 초청되어 학문을 연구하고 학생들을 길러냈습니다. 유클리드 또한 이때 무세이온에서 수학을 가르쳤다고 전해집니다.

무세이온에서도 이름난 수학자이던 유클리드는 프톨레마이오스에게 기하학을 강의하기도 했는데, 기하학 공부가 어찌나 어려웠던지 프톨레마이오스가 "좀 더 쉽게 배우는 길은 없느냐?" 하고 묻자 유클리드가 "기하학에는 왕도가 없습니다." 하고 답했다는 일화는 꽤 유명하지요. 아마도 이즈음에 《기하학원론》이 탄생한 것으로 보고 있습니다.

도형의 모든 것을 정의하다

《기하학원론》은 총 13권으로 구성된 대작입니다. 제1권은 삼각형과 평행선, 면적을 다루고 있으며, 제2권은 직사각형과 정사각형 면적의 변형, 제3권은 원, 제4권은 내접 및 외접 다각형, 제5권은 비례론, 제6권은 닮은꼴을 그 내용으로 하는 등 평면기하학을 다루고 있습니다. 제7~9권은 유리수론과 급수·비례수, 제10권은 무리수론을, 제11~13권은 입체기하학을 다루고 있습니다.

　《기하학원론》은 유클리드의 새로운 이론이 씌어 있다기보다는 피

옥스퍼드대학 자연사박물관에 있는 유클리드 동상

타고라스나 에우독소스 같은 고대 그리스 수학자의 연구 성과를 정리, 집대성한 책입니다. 한마디로 고대 그리스 수학의 종합판이라고 볼 수 있죠. 그러나 정의(定義), 공리(公理), 공통 개념이라고 불리는 여러 원리적 전제로부터 논리적 순서에 따라 정리(定理)나 문제의 답을 유도하는 공리적 체계의 전형을 보여줌으로써 합리적 사고의 모범을 제시하였습니다. 이후 수학의 발전에 커다란 자극을 주었음은 물론이고요. 그럼 《기하학원론》 속 공리적 체계를 조금만 맛보도록 하겠습니다.

유클리드는 《기하학원론》 제1권에서 23개의 정의와 5개의 공리, 5개의 공통 개념, 48개의 명제를 서술하고 있습니다. 사실 점이나 선, 면 등과 같은 기본 개념은 누구나 잘 알고 있는 상식이어서 굳이 설명하지 않아도 당연히 알 수 있는 것으로 이해되어 왔습니다. 그러나 당연한 기초 개념도 필요할 때 혼돈 없이 쓰기 위해서는 그 성질만이라도 약속해두어야 한다고 유클리드는 생각했던 것 같습니다. 이와 같이 점과 선, 직선, 표면, 각, 원과 같은 용어의 성질을 설명하고 약속하는 것을 정의라고 합니다. 몇 개만 소개합니다.

정의 1. 점은 면적이 없는 것이다.

정의 2. 선은 폭이 없는 길이이다.

정의 3. 선의 끝은 점이다.

정의 4. 직선이란 점들이 곧고 고르게 놓여 있는 선이다.

정의 5. 면은 길이와 폭만 있는 것이다.

그럼, 이제 공리로 넘어가 보겠습니다. 공리는 분명하게 일반적인 사실로 단정 지을 수 있으면서도 증명할 수는 없는 것을 가리킵니다. 도형의 성질 중에서 누구도 의심하지 않고 받아들일 수 있는 분명한 이치를 말하고 있죠. 원래 《기하학원론》에는 공준(公準)으로 표기되어 있지만 시대를 지나오면서 공리라는 명칭으로 굳어졌습니다. 다섯 개의 공리는 다음과 같습니다.

공리 1. 임의의 한 점에서 다른 한 점으로 직선을 그을 수 있다.

공리 2. 유한한 선분은 그 양쪽으로 얼마든지 연장할 수 있다.

공리 3. 임의의 점을 중심으로 하고 임의의 반지름을 갖는 원을 그릴 수 있다.

공리 4. 모든 직각은 서로 같다.

공리 5. 두 직선이 하나의 직선과 만날 때 두 내각의 합이 180도보다 작으면, 두 직선을 무한히 연장하면 반드시 만난다.

수학에서 도형을 배울 때 제일 처음으로 익히는 것들과 유사하지 않나요? 그도 그럴 것이 《기하학원론》에는 기하학의 모든 것이 총

1482년 출판된 《기하학원론》의 한 부분

망라되어 있기 때문에, 오늘날의 수학 수업 시간에 유클리드의 기하학이 여전히 등장한다는 것은 그리 놀랄 만한 일은 아닙니다.

이 중 제5공리는 평행선은 아무리 연장하여도 서로 만나지 않는다는 가정을 담고 있어 '평행선의 공리'라 불리기도 하는데요. 19세기들어 이 공리가 부정되면서 비(非)유클리드 기하학이 탄생하는 계기를 마련하였습니다. 러시아 수학자 로바체프스키와 독일 수학자 프리드리히 베른하르트 리만이 각각 곡면과 구면에서는 '평행선의 공리'가 성립하지 않는다는 사실을 발견하였기 때문입니다. '평행선의 공리'는 완전 평면이라는 특별한 경우에만 적용되는 공리였던 것이죠. 그렇기 때문에 지금에 와서는 이것에 공리라는 이름을 붙이는 것이 적합하지 않을 수도 있습니다. '누구도 의심하지 않고 받아들일 수 있는 분명한 이치'는 아니라는 게 드러났으니까요.

그러나 유클리드가 살던 시대는 세상을 평면으로 인식하였기 때문에 그의 공리가 이차원 평면을 근거로 하고 있음은 어찌 보면 당연한 일일지도 모르겠습니다. 게다가 비유클리드 기하학도 평행선의 공리만을 부정할 뿐 그 밖의 공리와는 모순되지 않으므로, 이로써 2000년 넘게 절대 권력을 지녀온 유클리드 기하학이 완전히 왕좌에서 물러나게 된 것은 아닌 셈입니다.

빛나는 수학의 태양, 기하학

유클리드는 이 외에도 다방면에 걸쳐 많은 책을 썼는데,《광학》은 그리스에서 나온 광학에 관한 첫 저작물이며,《구면천문학》은 구형

　과학자의 명언으로 배우는 교양과학

기하학을 천문학에 응용한 것으로, 우주가 원뿔이나 원기둥 모양이 아닌 구형임을 증명하고 있습니다. 북극성을 중심으로 별들이 운행을 할 때, 북극성 가까이에 있어 작은 원을 그리며 운행을 하든 북극성 멀리에 있어 큰 원을 그리며 운행을 하든, 운행에 걸리는 전체 시간은 다 같다는 사실을 알고 있었던 것이죠.

> 천체의 운행 시간은 각각의 고정된 별들이 떴다가 다음에 뜰 때까지 걸리는 시간이다. 또는 어딘가에서 떠서 다시 그 장소에서 떠오를 때까지 걸리는 시간이다.
>
> ―《구면천문학》 중에서

이집트나 바빌로니아에서는 토지 측량이나 토목 공사 등 국가의 현실적 문제를 해결하는 도구로 기하학 지식을 사용한 반면, 노예 제도 아래에서 아무런 근심 걱정 없이 지낼 수 있었던 그리스는 현실 문제를 떠난 관념의 세계에서 이성을 다듬는 도구로 기하학을 대했다고 합니다. 유클리드가 기하학을 다룬 방식도 현실적이기보다는 다분히 관념적이라는 느낌을 주는데요. 그와 한 제자의 대화에서도 그런 뉘앙스가 풍기는 듯합니다.

유클리드 아래에서 기하학을 배우던 한 제자가 어느 날 유클리드에게 질문합니다.

> 이것들은 배워서 어디다 씁니까?

그러자 유클리드는 노예를 불러서 이렇게 말했습니다.

저 애에게 3오보로스(화폐 단위)를 주어라. 저 애는 자신이 배운 것에서
무언가를 얻어야 하니까.

여러분도 《기하학원론》의 내용을 조금이나마 맛보아서 알겠지
만, 어떠한 수학적 공식도, 도형도 등장하지 않고 말만 등장하는 수
학 책을 보고 있었을 제자의 고통이 어떠했을지는 짐작이 가고도
남습니다. 글자 속에서 의미를 찾기도 힘든데, 어찌 쓸모나 유용함
을 예상할 수 있었겠습니까. 유클리드 자신은 기하학이 현실 생활
에서 꼭 필요한 도구라는 것을 인정하고 싶지 않았겠지만, 유클리
드 이후 기하학은 수학 이론의 발전을 가져왔을 뿐만 아니라 다른 응
용과학의 발전도 함께 가져왔습니다. 아, 물론 수학 시험의 발전도 함
께 가져와 우리의 골머리를 꽤나 썩이고 있지요. 안 그런가요?

유클리드 Euclid BC 330~BC 275
고대 그리스의 수학자. 유클리드 기하학의 체계를 세우며 당시의 수학을 집대성한 《기하학원론》은 역
사상 가장 위대한 책으로 후대에 많은 영향을 끼치며 현대까지 수학 교과서로 활용되고 있다.

과학자의 명언으로 배우는 교양과학

Part 4

조화로운 인간세상을 구현하다

에디슨 | 다빈치 | 코페르니쿠스 |

갈릴레이 | 케플러 | 프톨레마이오스 | 러셀

● ● ●

삶의 목적은 목적의 삶이다.

The purpose of life is a life of purpose.

−로버트 바이른(Robert Byrne)

● ● ●

에디슨Thomas Alva Edison

상상을 현실로 구현하다

미국의 경제 격주간지 《포천》은 매년 3월 '존경받는 세계 기업'을 발표하여 변화하는 기업 문화와 세계 경제의 흐름을 한눈에 볼 수 있도록 하고 있습니다. 전 세계 기업인뿐만 아니라 일반 소비자까지도 이 발표에 주목하고 있죠. 그중에서도 그동안 '최고로 존경받는 기업'으로 선정된 기업은 다름 아닌 제너럴일렉트릭(General Electric, GE)입니다. 《포천》이 설명한 GE의 1위 선정 이유는 바로 친환경 경영전략, 바로 에코매지네이션(Ecomagination)입니다. 환경(ecolgy)의 eco와 GE의 슬로건인 '업무의 창의성(Imagination at Work)'의 imagination을 합친 말로, '상상력을 바탕으로 혁신적인 친환경 기술을 개발하겠다는 약속'을 담고 있죠.

이러한 GE의 경영전략은 시대의 흐름을 잘 반영한 것이라 볼 수 있습니다. 각종 전기제품을 생산하는 GE로서는 '환경'이 최고의 이슈로 대두되면서 하루아침에 '지구의 적', '전 인류의 적'으로 내몰릴 위기에 처했으니까요. 특히 GE가 세계적인 대기업으로 성장하는 데 효자 노릇을 한 백열전구가 '환경의 적'으로 인식되면서 미국뿐 아니라 유럽과 오스트레일리아 등지에서도 퇴출될 위기에 처하자 기업의 경영전략을 대폭 수정할 수밖에 없게 되었죠.

지난 120여 년간 저렴한 가격으로 가가호호의 저녁을 밝혀준 백열전구의 발명자이자 GE의 창립자, 혹시 그가 누구인지 아시는지요? 바로 발명왕 토머스 에디슨입니다. 1879년 토머스 에디슨이 백열전구를 발명하면서 백열전구와 자신의 다른 발명품들을 대량으로 생산하고 판매하기 위해 세운 에디슨 일렉트릭 라이트(Edison Electric Light)가 바로 GE의 전신입니다.

에디슨은 우리에게 발명왕으로서만 알려져 있지만, 실제로 그는 세계 유수의 기업과 투자자들의 선망의 대상일 만큼 홍보의 귀재이자 최고의 사업가이기도 했습니다. 단지 무언가를 발명해내는 것에 그치지 않고 사업적으로도 성공시키기 위해서는 시대의 요구에 부응할 수 있는 아이템을 찾아내는 것이 중요할 텐데요. 에디슨은 양쪽의 능력을 다 가지고 있었습니다.

에디슨과 인류에게 빛을 준 백열전구

나의 사업 원칙은, 뛰어나지만 잘못 인도된 다른 이들의 아이디어에 상업적 가치를 부여하는 것이다. ……따라서 나는 그것을 개선할 방법을 생각하지 않고는 절대로 어떤 아이템을 고르지 않는다.

오직 노력, 용기, 도전, 기다림뿐

에디슨은 1000가지가 넘는 발명품을 세상에 내놓아 역사상 최고의 발명가로 꼽힙니다. 그러나 자신만의 독창적인 발명품이라기보다는 기존 제품을 개량한 것도 많은데, 백열전구도 그러한 예에 속합니다. 에디슨의 백열전구가 세상에 나오기 30여 년 전 이미 백열전구는 발명이 되어 있었습니다. 하지만 그 빛이 오래 지속되지 못하거나 너무 밝아 실내에서는 사용하지 못하는 등 실용성에 문제가 있었죠.

이와 같은 상황에서 에디슨은 백열전구의 개량화, 실용화에 뛰어듭니다. 탄소 필라멘트를 넣어 40시간 이상 빛을 발하면서도 적절한 밝기로 실내에서도 사용할 수 있는, 정말로 쓸모 있는 백열전구

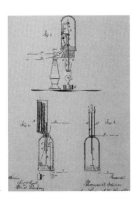

에디슨이 특허출원을 한 전기조명장치 설계도

를 발명해낸 것이지요. 자신이 말한 대로 뛰어나지만 미흡한 아이디어를 개선하여 상업적 가치를 부여한 것입니다.

왠지 얄밉다는 생각이 든다고요? 남의 것을 가져다가 뚝딱뚝딱 좀 더 나은 상태로 고쳐서, 결국에는 돈을 많이 벌려는 속셈이 아니냐고요? 그러나 에디슨이 하나의 발명품을 만들기 위해 들인 시간과 노력, 그리고 그 발명품을 대하는 태도 등이 어떠했는지를 안다면, 아마도 그렇게 생각하지 못할 겁니다.

알다시피 에디슨은 대단한 노력가로 소문이 나 있습니다. 에디슨이 한 말 중 가장 유명한 "천재는 1퍼센트의 영감과 99퍼센트의 노력으로 이루어진다(Genius is one percent inspiration and ninety-nine percent perspiration)."에서도 짐작할 수 있습니다. 뭐, 노력은 누구에게나 필요하지만, 정규 교육이라고는 초등학교를 3개월 다닌 것이 전부인 그로서는 특히, 노력 없이 그러한 자리에 오르기가 힘들었을 것도 같습니다. 아, 그리고 도전 정신과 집념, 해낼 수 있다는 용기 또한 필요합니다. 이러한 삶에 대한 태도와 관련해서 에디슨은 살아가는 데 정말 큰 도움이 될 무수히 많은 명언을 남겼습니다.

용기를 가져라. 나는 사업을 하면서 많은 고난을 겪었다. 오늘의 미국은 언제나 강함과 부유로부터 나왔다. 당신의 조상이 그랬던 것처럼 용감해라, 신념을 가져라! 그리고 전진하라!

우리의 가장 큰 약점은 포기하는 것이다. 성공에 이르는 가장 확실한 방법은 다시 한번 도전하는 것이다.

모든 것(성공)은 열심히 노력하면서 기다리는 사람에게 온다.

어떻습니까? 가슴에 팍팍 와 닿나요? 아마도 어려웠던 어린 시절을 보내는 동안 이와 같은 말들을 가슴속에 꼭꼭 새겨두었기에 결국에는 에디슨이 성공할 수 있었던 게 아닐까 하는 생각이 들기도 합니다.

거침없이 빨아들이다, 상상력으로 창조하다

토머스 에디슨은 오하이오주의 밀란에서 제재소를 경영하던 새뮤얼 에디슨의 7남매 중 막내아들로 태어났습니다. 일곱 살에 미시간주 포트휴런으로 이사가 그곳 초등학교에 입학하지만 겨우 3개월 만에 퇴학을 당해 그 후 교육은 주로 어머니로부터 받았다고 합니다. 좋지 못한 가정형편 탓에 열두 살 무렵부터는 포트휴런에서 디트로이트까지 가는 기차에서 신문과 과자를 팔았습니다. 워낙에 어릴 적부터 호기심이 많았던지라 기차 안에다 실험실을 만들어놓고

전류전쟁을 벌인 테슬라와 에디슨

과자나 신문을 팔고 남는 시간에 그곳에서 갖가지 실험을 했답니다. 그러던 중 실험실에서 화재가 나 차장에게 따귀를 맞았는데 그것이 결국 청각장애로 이어지고 맙니다. 불의의 사고지만, 청각을 잃게 되면서 에디슨은 새로운 세상에 눈을 뜨게 되지요. 그리고 그것이 결국은 에디슨의 발명품으로 이어지게 됩니다.

> 비록 나는 거의 듣지 못하지만, 나는 그것이, 나로 하여금 들을 수 있는 사람들은 감지하지 못하는 미세한 소리와 잡음을 들을 수 있도록 하는 일종의 내면의 귀를 내게 선물로 주었다고 생각한다.

그도 그럴 것이, 청각을 잃자 에디슨은 전신기술(telegraphy)에 관심을 갖게 되었죠. 그러던 차에 역장의 아이를 철길에서 구해준 답례로 전신기술을 배우게 되어 1869년까지 미국과 캐나다 여러 곳에서 전신수로 일합니다. 요즘에야 휴대전화며, 메일, 인터넷 메신저 등의 각종 통신 수단이 발달해 있지만, 당시만 해도 문자나 숫자를 전기 신호로 바꾸어 전파나 전류를 통해 보내는 전신이 최고의 통신수단이었습니다.

그 무렵 에디슨은 전자기장 이론을 처음으로 발표한 마이클 패러데이가 지은 《전기학의 실험적 연구》라는 책을 접하게 됩니다. 상당히 어려운 내용의 전자기장 이론을 복잡한 수식 없이 자세히 설명하고 있어, 제대로 된 수학과 물리학 교육을 받지 못한 에디슨도 매우 흥미롭게 읽을 수 있었다고 합니다. 에디슨은 그 책에 나오는 실험들을 이것저것 연구하던 중 드디어 1868년에 발명품을 세상에 처음으로 내놓게 됩니다. 바로 전기 투표 기록기이지요. 그는 이렇듯 첫 번째 발명품에서부터, 이미 다른 이들이 실험하고 연구해놓은 것에서 흡수한 지식을 바탕으로 자신의 아이디어를 추가해 새로운 무언가를 만들어내는 능력을 보여줍니다.

나는 모든 자료로부터 아이디어를 얻는다. 종종 마지막 사람이 남기고 떠난 것에서 시작하면서 말이다.

사실 이것은 대단한 재능입니다. 얼핏 생각하면, 이미 남들이 웬만한 기초는 쌓아놓았으니 반짝이는 아이디어만 덧붙이면 되는 것 아닌가 하고 생각할 수도 있지만, 세상에 널려 있는 그 수많은 과학 지식 중에 기술적으로 연결이 될 만한 실마리를 찾아낸다는 것 자체가 엄청난 시간과 끈기를 요하며, 매우 뛰어난 눈을 가지고 있지 않은 다음에야 힘든 일이라는 것이지요. 또 누구의 손도 닿지 않은 채 책장 귀퉁이에 처박혀, 오래된 책 속에 들어 있는 한 구절의 지식이라도 하찮게 여기지 않는 마음가짐도 필요하고요.

영감은 쓰레기 더미 속에서도 나올 수 있다. 때때로 그것을 훌륭한 상상력과 결합시키면 무언가를 발명해낼 수 있다.

전기 투표 기록기로 최초의 특허를 획득하고 이듬해에 발명한 주식 상장 표시기로 상업적 성과를 거둔 것을 시작으로 인자 전신기, 이중 전신기, 탄소 전화기, 축음기, 백열전구 등 하나하나 이름을 다 열거할 수 없을 정도로 많은 발명품을 줄줄이 세상에 내놓습니다. 물론 그중에는 영화 촬영기와 영사기도 있지요.

성실한 마술사

이러한 발명품으로 꽤 많은 돈을 번 에디슨은 그 돈으로 죽을 때까지 아무 일을 하지 않고도 잘 먹고 잘 살 수 있는데도 새로운 발명품을 만들어내는 일을 게을리하지 않았습니다. 게다가 그 많은 돈을 다른 발명 아이디어에 기꺼이 투자했지요.

> 내 인생의 가장 큰 목적은 더 많은 발명품을 만들기 위해 충분한 돈을 버는 것이다.

에디슨은 1876년 뉴저지주의 멘로파크에, 그리고 1887년 웨스트오렌지에 자신의 연구소를 설립합니다. 이는 세계 최초의 기술 산업과 연계된 과학 연구소입니다. 특히 멘로파크에서 연구하던 시절에 에디슨은 '멘로파크의 마술사'라 불릴 정도로 활발한 연구 활동을 펼쳤습니다. 백열전구와 축음기가 바로 이 시절에 탄생했습니다.

그는 또 열심히 일하기로 유명했습니다. 일중독자도 보통 일중독자가 아니었죠. 하루에 보통 18시간을 일했다면 말 다한 것 아니겠습니까? 그래서 그런지 에디슨은 시간의 중요성에 대한 여러 명언을 남겼습니다. 그중 하나를 소개하면 다음과 같습니다.

> 시간은 인간이 가진 유일한 자원이며, 인간이 소모하거나 잃어버릴 수
> 있는 것이다

시간이 중요하다는 사실은 누구나 알고 있지만, 모두가 그 사실에 따라 행동할 수 있는 것은 아닙니다. 시간뿐 아니라 에디슨의 삶 전체가, 알고는 있지만 행동에 옮기지 못하는 것들을 찾아내어 실천으로 옮기는 일의 연속이었던 것 같습니다. 이론적으로는 가능함을 알고 있지만, 미처 응용하려는 생각을 하지 못하고 있던 것들을 발명으로 실재적인 기술과 직접 연결한 것처럼 말입니다.

토머스 에디슨 Thomas Alva Edison 1847~1931
미국의 발명가·사업가. 인쇄 전신기, 탄소전화기, 백열전등, 자력선광법, 알칼리 축전지, 축음기, 영화 촬영기, 전기 투표 기록기 등을 발명하고 1093개의 특허를 얻어 발명왕으로 불린다. 후에 제너럴 일렉트릭을 설립하였다.

과학적 관찰과 탐구로 변혁을 일으키다

얼마 전 뉴스에 재미난 기사가 떴습니다. 프랑스 파리 루브르박물관의 안내원들이 "모나리자 등쌀에 살 수가 없다."며 파업을 선언한 것이지요. 전 세계에서 〈모나리자〉를 보러 몰려드는 인파로 어떤 날은 하루 관람객이 수만 명에 이를 정도라고 하니, 그림을 보호하고 관람객을 통제해야 하는 안내원들의 업무 스트레스가 얼마나 심할지는 예상이 되고도 남습니다. 레오나르도 다빈치가 살아 있었다면, 그들에게 특별 보너스라도 주고, 격려의 말을 했어야 하지 않을까 싶은데요. 레오나르도 다빈치는 〈모나리자〉 외에도 최근 《다빈치 코드》라는 제목의 소설과 영화에 등장해 또 한번 화제와 논란의 대상이 되었던 〈최후의 만찬〉, 〈암굴의 성모〉 등을 남긴 르네상스 최고의 화가입니다.

그런 그가 화가인 동시에 과학자라는 사실은 비교적 최근에야 알려졌습니다. 인간 세상보다는 자연에 매혹되어 자연의 모든 현상을 관찰하고 기록하였지만, 자신의 기록을 다른 사람들이 쉽게 읽지 못하도록 왼손을 이용한 '거울 글씨(mirror writing)'로 썼기 때문이지요.

다양한 분야, 다양한 기록

가장 위대한 그림은 그것이 모방한 대상을 가장 많이 닮은 것이다.

다빈치는 '과학'이라는 말조차 없던 시대에 오늘날의 개념으로 천문, 지질, 항공, 화석, 광학, 해부 등 다양한 분야를 섭렵하고 기록으로 남겼습니다. 특히 인체를 직접 해부하고 그린 드로잉은 너무나 섬세해서 아름답다 못해 그로테스크하기까지 합니다.

또 다빈치는 비행기를 비롯한 각종 기계를 고안하고 설계해서 드로잉으로 남겨놓았는데요. 1482년 밀라노의 공작인 루도비코 스포르차가 자신의 궁에 와서 일해 달라고 부탁했을 때 보낸 일종의 이력서를 보면, 그가 얼마나 다재다능한 인물인지를 알 수 있습니다.

가장 저명하신 군주여, 이제 충분히, 전쟁 무기의 대가와 기술자들이 성

다빈치의 〈자화상〉

취한 확실한 모든 증거를 충분히 보셨을 겁니다. 그리고 그들의 발명품과 기구를 사용함이 일반적인 원리와 다르지 않다는 것을 알게 되셨을 겁니다. 저는 전하와 대화하기 위해서라면 편견 없이 대담하게 행동할 것입니다. 전하께 제 비밀을 알려드리고, 그 결과 제 자신을 기꺼이 제공하여 아래 짧게 기술된 모든 것을 편하신 때 효과적으로 입증할 것입니다.

프랑스의 침공 때문에 이탈리아의 도시는 전쟁으로 고통 받고 있었습니다. 화기나 폭발물 같은 전쟁 무기를 개발할 줄 아는 기술자가 몹시 필요한 때였죠. 다빈치의 이력서를 보면 그가 다리를 놓는 토목기술과 대포 같은 전쟁 무기의 제조에 능했음을 알 수 있습니다.

평화의 시대가 되면, 저는 공공적이든 개인적이든 건물을 짓고 물길을 여는 토목기술로 누구든 완벽하게 만족시킬 수 있으리라 확신합니다.

저는 또 매우 편리하고 이동이 쉬운 대포를 만들 계획입니다. 굉음과 함께 작은 돌들을 맹렬히 퍼부어 적들을 두려움에 떨게 하며, 연기 속에서

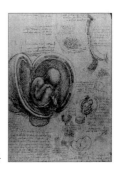

다빈치가 그린 자궁 속의 태아

적들이 길을 잃고 혼란케 만드는 무기지요.

뭐, 사실 이력서라는 게 '날 좀 뽑아주세요' 하는 간절한 마음에서 쓰다 보니 자기 홍보가 지나쳐 가끔 '뻥'을 섞기도 하는 게 사실이죠. 물론 공작이 먼저 일해 달라고 제안했으니 조금은 느긋한 처지였을 테지만, 다빈치의 이력서도 좀 과장되지 않았을까 하고 의심을 품을 수도 있습니다. 그러나 그가 남긴 수많은 기계 설계 도면과 노트 등은 그의 이력서가 절대 그렇지 않음을 뒷받침하고 있습니다.

최초의 과학자

오늘날 과학이라고 부르는 모든 학문은 귀납법을 따르고 있습니다. 귀납법은 개별적인 특수한 사실이나 원리로부터 일반적인 규칙이나 법칙을 세워 나가는 방법으로, 먼저 가설을 세운 다음 실험적 증명을 통해 이론을 얻어냅니다. 고대 그리스의 위대한 인물들이 자연과학에 많은 기여를 했는데도 과학자가 아닌 철학자로 이름이 남겨진 이유는 그들의 사색이 대부분 선험적인 원칙에 근거하고 실험에는 그다지 큰 가치를 두지 않았기 때문입니다.

이러한 의미에서 볼 때 다빈치는 '최초의 과학자'라 부를 만합니다. 정밀한 관찰과 측정으로 자신의 생각을 입증하려 애쓴 훌륭한 실험가였기 때문이지요. 실험한 결과가 원래 생각했던 바와 일치하지 않으면 생각을 고치고 다시 실험하고, 생각을 고치고 다시 실험하는 과정을 수없이 반복했다고 합니다. 오늘날처럼 실험실에서 현

과학자의 명언으로 배우는 교양과학

미경을 들여다보고, 컴퓨터를 두드리는 과학자와는 다른 모습이지만, 그의 사고방식이 과학적이었음에는 틀림없습니다.

또 다빈치는 빛의 굴절과 눈의 작용을 연구하여 광학 분야에도 큰 족적을 남겼으며, 그러한 연구가 그의 그림에 고스란히 반영되었습니다.

영혼을 비추는 창이라 일컫는 눈은, 뇌의 감각적 경험을 조정하는 부분이 자연의 무한한 작품을 완벽하고 장엄하게 해석하는 데 일차적으로 사용하는 수단이다. ……자, 눈이 세계의 아름다움을 끌어안은 것이 안 보이는가? 눈은 천문학의 정복자이다. 눈은 우주의 형상을 만들었다. 눈은 인간의 예술을 안내하고 조리하였다. 눈은 수학의 왕자이다. 눈의 과학은 가장 확실하다. 눈은 별의 높이와 크기를 측정하였다. 눈은 건축과 원근법과 정교한 그림을 만들었다.

다빈치는 자연의 대상이 과연 어떤 법칙을 따라 인간의 눈에 와 닿게 되느냐에 관심을 기울였습니다. 르네상스 시대에 이루어진 선 원근법에 심취하여 수학이나 기하학 등을 공부하기도 했죠. 선원근

마리아에게 잉태 사실을 알리는
장면을 그린 〈수태고지〉

법은 기하학적 원리의 투시도법에 따라 시선과 평행한 모든 직선이 수평선 위의 소실점으로 모이게 하는 방법입니다. 삼차원의 세계를 매우 그럴듯하게 이차원의 평면에 그려넣는 방법이지요. 다빈치의 작품에서 보이는 완벽한 조화와 신비로움은 이러한 원근법을 비롯하여, 자연에 대한 그의 끊임없는 관찰과 연구가 낳은 산물입니다.

자연과 인간은 서로 닮았다

지구를 자연이 지배하고 있다는 아이디어는 내게 매혹적으로 다가온다. 지구는 그 체계가 우리 몸의 체계와 매우 비슷하다. 지구와 우리 몸은 둘 다 혈관을 가지고 있다. 지구에도 물이 흐르고 공기가 지나는 길이 있는 것이다.

다빈치는 자연과 인체를 세밀히 관찰한 결과, 자연과 인간은 서로 닮은꼴임을 발견하였습니다. 지구를 '만물의 어머니'라고 부르기도 하지요? 살고 있는 모든 생명에게 아무런 대가 없이 젖과 풍성한 먹을거리를 내주는 지구가 따스한 품을 가진 우리의 어머니와 다름없기 때문이지요. 지난 몇백 년간 자연을 우리와 동떨어진 객관적인 사물로 보고, 우리와 함께 살아가야 할 동반자가 아닌 인간이 개발하고 소비해야 할 물건쯤으로 치부해온 결과 우리는 소중한 많은 것을 잃었습니다.

자연을 경외하며, 자신의 안으로 끌어들여 모방하려 애쓴 다빈치는 오늘을 살아가는 우리에게 하나의 모범이 되는 것 같습니다. 함부로 물길을 자르는 것을 내 혈관을 자르는 것처럼, 공기를 더럽히는 것을 내 허파를 더럽히는 것처럼 고통스럽게 여긴다면, 자연을 대할 때 좀 더 신중해질 겁니다. 자, 언제 한번 시간을 내어 대자연으로 나가 레오나르도 다빈치의 마음으로 들과 강과 산을 바라보면 어떨까요?

레오나르도 다빈치 Leonardo da Vinci 1452~1519
이탈리아의 팔방미인 학자, 과학자, 수학자, 엔지니어, 발명가, 해부학자, 화가, 조각가, 건축가, 음악가 등 어떤 분야에서든지 큰 족적을 남긴 르네상스 시대의 대표적인 인물이다. 주요 미술작품으로는 〈모나리자〉, 〈최후의 만찬〉 등이 있다.

코페르니쿠스Nicolaus Copernicus
우주의 중심을 지구에서 태양으로

2005년 폴란드의 작은 도시 프롬보르크의 한 성당에서 발견된 유골 하나가 전 세계의 이목을 집중시켰습니다. 발틱해 연안에 위치한 이 작은 도시는 바로 15세기의 천문학자 니콜라우스 코페르니쿠스가 마지막 생을 다한 곳이었죠. 코페르니쿠스는 그때까지 사람들이 믿어 의심치 않는 '우주의 중심은 지구'라는 천동설을 뒤엎고 '우주의 중심은 태양'이라 주장하여 과학뿐만이 아니라 일상의 사고방식과 가치관에도 일대 혁명을 불러일으켰습니다.

폴란드는 코페르니쿠스를 국민 영웅으로 대접하여 기념박물관을 건립하고 그가 별을 관찰했던 천문대를 보존하는 등 열과 성을 다

지동설을 주장한 코페르니쿠스

해왔지만, 단 하나 그의 유골이 없다는 게 문제였습니다. 그러던 중 성당 남쪽 16개의 제단 중 하나에서 뼈를 발견하였는데 컴퓨터를 이용해 얼굴을 재구성해보니 코페르니쿠스의 초상화와 일치했습니다. 만일 해골의 주인이 코페르니쿠스가 맞는다면, 4세기 동안 방황하던 위대한 천문학자가 드디어 제자리를 찾은 게 되니 참으로 기쁜 일이 아닐 수 없습니다.

흔히 대담하고 획기적인 사고를 '코페르니쿠스적 발상'이라고 부릅니다. 18세기 독일 철학자 칸트도 자신의 인식론상 입장을 밝힐 때 '코페르니쿠스적 전환'이라는 말을 사용했습니다. 이전까지 인식론에서는 대상을 중심으로 생각했습니다. 즉, 우리가 인식하는 모든 것은 내가 아닌 바깥에 있는 성질에 준거한다는 것이죠.

그러나 칸트는 이 사고방식을 역전시켜 대상이 우리의 성질, 즉 우리가 가지고 있는 선천적인 형식에 준거한다고 주장한 것입니다. 신에게서 인간으로, 객관에서 주관으로, 인식론상의 획기적인 전환을 가져왔다고 해서 코페르니쿠스에 비견한 것이었죠. 이렇듯 무언가 확연히 달라진 것을 표현할 때면 반드시 코페르니쿠스라는 이름이 빠지지 않고 등장합니다. 도대체 코페르니쿠스가 어떤 사고의 전환을 가져왔기에 이토록 오랫동안 그의 이름이 회자되고 있는 것일까요?

두 눈을 뜨고 똑똑히 보라

마침내 우리는 태양을 우주의 중심에다 놓게 됐다. 이것은 모두 우주의 사물과 조화의 체계적인 과정을 통해 나온 것이다. 우리는 이른바 '두 눈을 뜨고' 사실만 직시하면 된다.

－《천체의 회전에 관하여》(1543)

1475년 폴란드 토룬에서 태어난 코페르니쿠스는 열 살 때 아버지를 여의자 외삼촌에게 의지하게 됩니다. 외삼촌인 루카스 바첼로데는 매우 명망 있는 성직자로 나중에 주교의 자리에까지 오릅니다. 코페르니쿠스는 젊은 시절, 여러 대학에서 공부하였습니다.

폴란드의 크라쿠프대학에서 천문학을 처음으로 접했으며, 볼로냐대학에서는 법학을 전공하지요. 볼로냐대학은 그리스어를 교과 과정에 포함시켜 가르치고 있었는데, 당시에는 그리스 사상가의 저서가 라틴어로 번역이 잘 안 되어 있던 터라, 이때 배운 그리스어를 바탕으로 프톨레마이오스 등 그리스 천문학자의 책을 읽고 공부할 수 있게 됩니다.

파도바대학에서 의학을 공부하면서도 천문학과 점성술을 접했습니다. 당시에는 하늘에 있는 천체가 지상의 생물체에게 영향을 끼

우주의 중심에 태양이 위치한다는
코페르니쿠스 체계

친다는 고대 그리스와 이슬람의 의학 사상을 받아들였기 때문에 의학 교과 과정에도 천문학과 점성술이 있었거든요. 그리고 페라라대학에서 교회법으로 박사학위를 받으며 지낸 시기는 코페르니쿠스의 인생에서 특히나 중요한 역할을 하였습니다. 천문학자 도메니코 마리아 노바라의 집에서 기거하는 동안 천문학에 더욱 흥미를 느끼게 되었고, 처음으로 천체 관측을 했거든요.

그러나 주교이던 외삼촌의 사망 후 하일스베르크로 가서 교구 업무를 맡아봅니다만, 교구 업무에 치여 자유로이 천체 관측을 할 수가 없었죠. 결국 1510년, 프롬보르크로 가 여생을 그곳에서 보내게 됩니다.

자신이 살던 탑 위에 천문 관측소를 직접 지어 별을 관찰할 정도로 코페르니쿠스의 열정은 대단했습니다. 관찰한 것을 꾸준히 기록하는 것도 잊지 않았고요. 사실 페라라에서 천체를 관측할 때부터 코페르니쿠스를 괴롭힌 것이 하나 있는데, 그것은 바로 프톨레마이오스의 체계, 즉 천동설이 실제 관측과는 차이가 있다는 사실이었습니다. 오랜 세월 동안 사람들은 태양과 달, 모든 행성이 지구를 중심으로 회전하고 있으며, 그 바깥쪽에 있는 별들은 하늘에서 돌고 있는 단단한 원구, 즉 천구에 고정되어 있다고 생각했습니다. 이 별들이 지구를 한 바퀴 도는 데에는 24시간이 걸리므로, 별들은 지구에서 그리 멀지 않은 곳에 있다고 믿었죠. 이에 따르면 우주는 무한히 큰 것이 아니라, 지구를 중심으로 구성된 매우 제한된 세계였습니다.

우주의 중심은 '태양'이다

그러나 관찰 결과와 부합하는 우주*는 훨씬 큰 것이어야 했습니다. 지구는 저 멀리 있는 태양 주위를 회전하고 있으며 다른 행성들은 그보다 더 먼 거리에서 공전을 해야 하고, 그리고 그보다 훨씬 더 먼 곳에 별들이 있어야 했기 때문이죠. 그는 자신의 이러한 생각들을 담아 1510년에서 1514년 사이에 〈주해서〉라는 제목의 짧은 논문을 한 편 완성합니다. 일곱 개의 주장을 담은 이 논문은 코페르니쿠스의 체계인 지동설을 매우 핵심적으로 요약해서 보여주고 있습니다.

1. 모든 천체는 하나의 중심으로 움직이는 것이 아니다.
2. 지구가 우주의 중심이 아니며, 오직 달의 궤도와 지구 중력의 중심일 뿐이다.
3. 태양이 모든 행성 궤도의 중심이다. 그러므로 태양이 우주의 중심이다.
4. 고정된 별들과의 거리에 비하면, 지구와 태양 사이의 거리는 극히 짧다.
5. 매일 매일의 천체 운행은 자전축을 따라 도는 지구의 자전에 기인한다.
6. 태양이 이동하는 것처럼 보이는 것은, 다른 행성들처럼 지구가 태양 주위를 돌고 있다는 사실 때문이다.
7. 행성이 정지했다 역행하는 것처럼 보이는 것은 마찬가지로 지구가 태양 주위를 돌고 있기 때문이다.

* space, universe, cosmos 모두 '우주'로 알고 있지만, 그 의미는 각각 다르다. space는 인간이 장악할 수 있는 우주 공간을, universe는 별·은하 등으로 채워진 천문학의 객관적 대상으로서 우주를 뜻한다. universe에 인간의 요구 사항이 보태진 주관적 우주는 cosmos다. 우주의 구분에 대해서는 태의경, 《태의경의 우주 콘서트》(동아시아, 2007) 참조.

하지만 '우주의 중심은 지구'라는 천동설을 뒤엎는 것은 곧 신을 중심으로 하는 세계관을 뒤엎는 것이며, 신과 종교에 대한 모독이 되리라는 생각에 섣부르게 자신의 생각을 공개하지는 않습니다. 단지 몇몇 천문학자에게 보여주었을 뿐이지요.

사실 우주의 중심이 지구가 아니라는 사실을 주장한 이는 코페르니쿠스 전에도 있었습니다. 고대 그리스의 피타고라스는 우주의 중심에 커다란 불덩이가 있어 그 주위를 태양과 지구와 다른 모든 행성이 돌고 있다고 생각했습니다. 뭐, 태양이 우주의 중심에 있다고 말한 건 아니지만, 어쨌든 지구가 우주의 중심에 있는 것은 아니라고 주장했지요. 그리고 아리스타르코스는 중심에 있는 태양은 움직이지 않으며, 지구는 24시간마다 자전을 하면서 1년을 주기로 태양 주위를 돌고 있다고 설명했지요. 코페르니쿠스도 그리스 고전을 읽으면서 이들의 사상에 대해 알고 있었던 듯합니다.

혁명을 일으킨 천체의 회전

코페르니쿠스는 자신의 생각에 힘을 싣기 위해 천체 관측을 계속하는 동시에 수학적으로 정교한 체계를 만들어야 했습니다. 그리고 《천체의 회전에 관하여 On the Revolutions of the Heavenly Spheres》라는 일생의 대작을 완성합니다. 'revolution'이 회전과 혁명이라는 두 개의 뜻을 지니고 있다는 사실로 미루어볼 때, 이 책은 '천체의 혁명에 관하여'라는 제목을 붙여도 무방할 정도로 세상에 나오자마자 말 그대로 커다란 '혁명'을 불러일으켰습니다.

과학자의 명언으로 배우는 교양과학

그러나 모든 것의 중심에는 태양이 있다. 도대체 이렇게 매우 아름다운 사원에서, 모든 것을 동시에 밝힐 수 있는 위치가 아닌, 다른 혹은 더 좋은 위치에 누가 이 램프를 둘 수 있겠는가? 태양은 부적절하게 일부 사람들에 의해 우주의 랜턴 혹은 다른 이들에 의해 우주의 마음, 여전히 다른 이들에 의해 우주의 통치자라 불리는 것이 아니다. 따라서 태양은 왕좌에 앉아서 자신의 주위를 돌고 있는 천체를 지배하고 있다.

―《천체의 회전에 관하여》

코페르니쿠스가 수학적으로 완벽하면서도 명료한 체계를 고안하려고 노력한 이유는 프톨레마이오스의 체계가 복잡한데다 군더더기가 많은 것이 늘 불만이었기 때문입니다. 그래서 수학을 잘 모르는 이들이 《천체의 회전에 관하여》를 완전하게 이해하기란 다소 힘든 일일 것 같습니다.

진실의 새벽

코페르니쿠스는 수학적이고 과학적인 반론이 아닌, 단지 천동설을 뒤엎었다는 이유로 꼬투리를 잡고 자신의 체계를 공격하려 드는 사

《천체의 회전에 관하여》 표지와 본문

람을 경계했습니다. 책에도 그와 관련한 내용을 실을 정도였지요.

만약 수학을 전혀 모르면서도 수학에 대단한 지식이 있는 척하는 수학자에게 (좋은) 기회가 주어진다면 그들은 목적을 위해 성경의 몇몇 문구의 권위에 의존해 나의 가설(이론)을 비난하고 괴롭힐 것이다. 나는 그들의(인간으로서의) 가치를 무시하는 것이 아니라 그들의 신중하지 못한 판단을 힐책하는 것이다.

―《천체의 회전에 관하여》

《전체의 회전에 관하여》의 초판에는 뉘른베르크 성로렌츠 교회의 목사 안드레아스 오시안더의 서문이 실려 있습니다. 그는 코페르니쿠스의 체계가 현실을 묘사한 것이 아니라 수학적 계산의 앞뒤를 맞추기 위해 그럴듯한 기교를 부린 것처럼 소개했죠. 아마도 이 책과 코페르니쿠스가 받을 공격과 지탄을 조금은 완화하기 위한 수단으로 오시안더의 서문이 실린 것 같은데, 그런데도 교회의 반응은 엄격하고 완고했습니다. 교회의 반응을 예상한 코페르니쿠스는, 그래서 책을 다 쓰고도 출판을 하지 않으려고 했습니다.

그러나 입소문으로 코페르니쿠스의 진가를 주워들은 레티쿠스라는 인물이 코페르니쿠스를 찾아와 제자를 자청하면서, 그에게 책을 내야만 한다고 설득했죠. 결국 1543년 5월 24일, 코페르니쿠스는 영원한 안식에 들어가기 직전 침상에서 《천체의 회전에 관하여》의 초판을 받아보게 됩니다. 다행인지, 불행인지 자신이 그리고 자신의 책이 이 세계에 얼마나 큰 반향을 불러일으킬지 미처 알지 못하고서 말이죠.

니콜라우스 코페르니쿠스 Nicolaus Copernicus 1473~1543
폴란드의 천문학자. 지구를 중심에 둔 프톨레마이오스 체계를 부정하고 태양을 중심으로 지구가 공전한다는 사실을 수학적으로 증명한 《천체의 회전에 관하여》로 인류의 우주관을 송두리째 바꾸어놓았다.

갈릴레이|Galileo Galilei

천동설을 뒤엎고 지동설을 지지하다

밤하늘을 올려다본 적이 있나요? 자동차에서 시도 때도 없이 뿜어져 나오는 매연과 거리 곳곳을 밝히고 있는 인공불빛 탓에 도시에서 밤하늘을 관찰하기란 쉽지 않습니다. 하지만 수많은 별이 반짝이는 아름다운 밤하늘을 한 번이라도 본 사람은 밤하늘과 사랑에 빠지지 않고는 못 배기죠. 특히나 감수성이 뛰어난 예술가나 호기심으로 충만한 과학자들은 밤하늘을 동경하다 못해 자신의 화폭에, 노트에 담으려고 애썼습니다.

별 하면 누가 제일 먼저 떠오르나요? 'starry starry night, painted your palette blue and grey⋯⋯.' 별이 빛나는 밤, 팔레트를 푸른색과 회색으로 물들인 화가. 맞습니다. 바로 〈별이 빛나는 밤Starry Night〉을 그린 화가 빈센트 반 고흐입니다. 고흐는 다른 화가들에 비해 밤하늘의 주인공인 달과 별을 유달리 많이 화폭에 담았습니다. 어쩌면 현실의 고난으로부터 도피하려는 마음이 그로 하여금 고요하고 아름답기 그지없는 밤하늘로 고개를 들게 만들었는지도 모르겠습니다.

재미난 것은 그의 그림이 천문학자의 관심을 끌었다는 것입니다.

미국 텍사스주립대학에서 천문학을 연구하고 있는 도널드 올슨 교수는 고흐의 그림 속에 등장하는 별이 무엇인지, 그리고 정확히 언제 그렸는지를 연구하였습니다. 그리하여 지난 2000년 고흐가 그린 〈한밤의 하얀 집White House of Night〉의 배경이 된 마을을 찾아내 직접 가서 며칠 밤을 관찰한 끝에, 그림에 등장하는 커다란 별이 금성이며 그 그림은 1890년 6월 16일 오후 7시쯤 그려졌다는 사실을 밝혀냈죠. 이것은 금성의 운행에 대한 과학적 지식이 이미 확립되어 있었기에, 즉 이전의 수많은 과학자가 금성을 포함한 태양계 행성들을 면밀히 관찰하고 연구했기에 가능한 일입니다.

코페르니쿠스의 가면

별들의 자전이나 공전 등 운행을 뜻하는 영어 단어로 revolution이 있습니다. 아시다시피 revolution은 혁명이라는 뜻도 있지요. 재미난 것은 금성의 '운행'이 밝혀짐으로써 실제 인류의 사고에 일대 '혁명'이 일어났습니다. 도대체 누가? 바로 갈릴레오 갈릴레이입니다.

반 고흐의 〈별이 빛나는 밤〉

과학자의 명언으로 배우는 교양과학

갈릴레이 이전까지만 해도 금성을 비롯한 모든 행성이 지구를 중심으로 돌고 있다는 천동설이 우주관을 꽉 잡고 있었죠. 1543년 코페르니쿠스가 지동설을 세상에 내놓기 전까지 1500년이 넘는 시간 동안이나 천동설이 사람들의 머리와 마음을 모두 지배하고 있었으니, 지동설이 처음 등장했을 때 온 세상이 들썩였던 것은 사실 예상이 안 되는 바도 아닙니다.

갈릴레이는 코페르니쿠스의 지동설을 지지했습니다. 그리고 지동설을 뒷받침하기 위해 여러 과학 실험과 관찰을 반복하던 중 금성의 크기가 매일 다르게 보이며 달과 마찬가지로 다양한 위상을 보인다는 사실을 발견했죠. 만일 금성이 태양이 아닌 지구 주위를 돌고 있다면 이러한 크기 및 위상의 변화는 전혀 관찰되지 않을 겁니다. 결국 지동설을 지지했다는 이유로 갈릴레이는 종교재판에까지 회부되고 맙니다. 신이 만든 지구가 곧 우주의 중심이 되어야 한다고 믿고 있던 교회에 지동설은 이단이나 다름없었으니까요.

그러나 우리가 알고 있는 "그래도 지구는 돈다."는 말을 갈릴레이가 정말로 재판정에서 나오며 했는지는 확실치 않습니다. 뭐, 애

"그래도 지구는 돈다."고 했던 갈릴레이

당초 교회로부터 압력을 받기도 전에 자신의 주장을 철회했다는 이야기도 들리고요.

사실 갈릴레이는 종교재판이 있기 전인 1632년에 지동설에 대한 자신의 생각을 담은 《천문 대화》의 출간을 허락받기 위해 교황청을 방문했다고 합니다. 교황청은 지동설을 수학 가설로만 서술한다면 출판해도 좋다고 했고, 결국 그는 표면상으로는 천동설을 지지하는 듯한 냄새를 풍기지만 실상은 지동설을 주장하는 책을 세상에 내놓았습니다. 그러나 감시의 눈을 부릅뜨고 있던 교회의 레이더망에 딱 걸리고 말지요. 조금만 유심히 읽어보면 누구라도 알 수 있을 정도인데, 이쯤에서 우리도 한번 슬쩍 책 속을 들여다보겠습니다.

애기를 계속하기 전에 사그레도에게 한 가지 강조하겠는데, 나는 코페르니쿠스의 가면을 쓰고 그의 역할을 하고 있을 뿐이라네. 내가 겉으로는 그의 편을 들지만, 내가 실제로 그 논리들에 대해 어떻게 생각하고 있는가 하는 것은 그걸 갖고 판단하지 말게. 내가 분장을 한 채 무대 위에서 연극에 흠뻑 빠져 있을 때의 모습과 분장을 벗고 무대에서 내려온 뒤의 모습이 다를 테니까.

《천문 대화》(이 책의 정식 이름은 《프톨레마이오스와 코페르니쿠스의 2대 우주 체계에 대한 대화》)는 과학 고전 중에서도 최고의 명저로 칭송받는 책입니다. 이 책은 코페르니쿠스의 지동설을 지지하는 아마추어 과학자이자 피렌체의 부유한 귀족인 살비아티, 프톨레마이오스의 천동설을 믿는 가공의 인물인 심플리치오, 건전한 판단과 식견을 가진 아마추어 과학자이자 베네치아의 귀족인 사그레도 등 세 인물이 나흘 동안 주고받은 대화를 통하여 지동설의 우월성을 기술하고 새로운 과학의 방법을 논하고 있습니다.

살비아티는 갈릴레이를 대변하고 있는 인물로 볼 수 있으며, 심플리치오는 6세기 그리스의 철학자이자 아리스토텔레스 연구가인 심플리치우스에서 따온 이름으로, 살비아티와 논쟁을 벌이며 아리스토텔레스를 대변하고 있습니다. 그리고 사그레도는 표면상으로는 둘을 중재하는 인물처럼 보이지만, 그의 말투 속에서 다소 지동설 쪽으로 기울어져 있음을 엿볼 수 있습니다.

우주의 정체를 밝히다

《천문 대화》는 출간 즉시 대단한 성공을 거두었습니다. 갈릴레이가 종교재판에 회부되면서 출간 후 5개월이 지나 판매 금지 조치가 내려졌지만 서적 판매상들로부터 책을 회수하고 싶어도 회수할 책이 거의 없었을 정도였습니다. 그만큼 당시의 사람들에게 커다란 논란

지동설을 지지해 종교재판을 받는 갈릴레이
(크리스티아노 반티, 1857)

을 불러일으켰던 것이겠지요.

그러니까 코페르니쿠스의 이론을 믿는 사람들은 다들 처음에는 반대되는 이론을 믿고 있었고 아리스토텔레스와 프톨레마이오스의 주장에 대해서도 완벽하게 잘 알고 있었어. 반면에 아리스토텔레스와 프톨레마이오스의 이론을 믿는 사람들 중에는 코페르니쿠스의 이론을 믿다가 그것을 버리고 아리스토텔레스 편으로 귀의한 사람이 단 한 명도 없어. 이런 일들을 보고 난 다음에 조금씩 생각이 깨었어. 어떤 사람이 젖을 빨 때부터 받아들인 이론을, 그것도 대부분의 사람들이 지지하는 이론을 버리고 새로운 이론을 받아들일 때는 그게 그만큼 설득력이 있고 꼭 필요하기 때문이 아닐까? 더군다나 새 이론을 지지하는 사람은 극소수이고, 모든 학교는 그것을 거부하고 있고, 얼핏 보면 큰 모순을 내포하고 있는 듯 보이기도 하는데도 말이야.

이 부분을 보면 갈릴레이가 사그레도의 입을 빌려 자신의 속내를 드러내고 있음을 확실하게 알 수 있습니다. 아리스토텔레스와 프톨레마이오스의 천동설을 믿던 사람들이 하나둘 코페르니쿠스의 지동설로 넘어오고 있으며 그것은 바로 지동설이 설득력 있는 가설이기 때문이라는 것이지요.

《천문 대화》를 읽다 보면, 갈릴레이가 교황청의 심기를 건드리지 않기 위해 무진 애를 썼구나 하는 느낌이 드는 부분이 몇 곳 보입니다. 계속해서 자신은 코페르니쿠스의 가면을 쓰고 연극을 하고 있을 뿐이라는 걸 강조하고 있거든요. 그럼에도 종교재판에까지 회부되었고 갈릴레이는 지동설을 주장한 자신의 실수를 인정하고 그 주장을 철회해야 했지요.

그러한 갈릴레이를 두고 용기 없는 겁쟁이라 손가락질할 사람은 아무도 없으리라고 봅니다. 적어도 자신이 옳다고 생각하는 것을 세상에 알리려는 시도조차 하지 않는 사람을 두고 겁쟁이라 불러야 하지 않을까요? 종교재판 후 《천문 대화》는 금서(禁書)가 되었고 갈릴레이는 종신 금고형에 처해집니다. 그리고 나머지 일생 동안, 이후 물리학 발전에 지대한 공헌을 하게 되는 《두 개의 과학》을 집필하여 1638년에 출간합니다.

낡은 것의 전복, 그것은 숙명이다

1966년에 출간된 영어판 《천문 대화》에는 알베르트 아인슈타인의 서문이 실려 있습니다. 거기에 이런 말이 나옵니다.

> 내가 갈릴레이의 업적에서 발견한 테마는 권위에 근거한 어떤 종류의 도그마에도 대항하는 열정적인 투쟁입니다. 그는 오직 경험과 주의 깊은 숙고만을 진실의 기준으로 받아들입니다.

말하자면, 아인슈타인이 발견한 것은 주의 깊은 관찰과 경험을 통해 우러나온 진실만을 믿고 그 진실을 받아들이지 않는 권위에 대항해 투쟁하는 갈릴레이의 열정입니다. 갈릴레이는 '물리학의 아버지'라

불릴 정도로 물리학의 역사에 없어서는 안 될 중요한 인물입니다. 게다가 상대성이론으로 일약 스타가 된 아인슈타인에게 동일한 물체라 하더라도 관찰자가 달라지면 그 물리량도 달라진다는 갈릴레이의 상대성 원리는 정말 중요한 학문적 토대가 되기도 했지요.

어떤 집단이든, 어떤 사람이든 새로운 것을 받아들이는 데는 기나긴 시간이 필요하고, 때로는 고통도 따릅니다. 일단 기존 사상이 안정되게 자리 잡고 있어 새로운 것을 받아들이려면 아무래도 획기적인 사고의 전환이 필요하기 마련이지요. 인류의 역사는 새로운 것이 낡은 것을 밀어내는 과정이 되풀이되어 왔습니다. 그런 걸 발전이라 부르는 사람도 있고 진보라 부르는 사람도 있지만, 어쨌든 인간이 호기심 많고 무언가 다른 것을 갈구하는 동물로 태어난 이상 저는 인류가 지구상에서 사라질 때까지 마치 숙명처럼 그러한 일들은 앞으로도 계속 되풀이되리라 봅니다.

갈릴레이의 숙명이 지구가 세상의 중심이라 믿는 천동설을 뒤엎는 것이었다면, 갈릴레이를 비롯한 선배 과학자들이 이룩해놓은 과학 이론이나 가설에 의문을 품고 새로운 이론을 세우는 것, 그것이 바로 후세에 등장한 뉴턴이나 아인슈타인 등의 후배 과학자들이 마주한 또 다른 숙명 아니었을까요?

갈릴레오 갈릴레이|Galileo Galilei 1564~1642
이탈리아의 물리학자 · 천문학자 · 철학자. 진자의 등시성(等時性)을 발견했고, 물체의 낙하 속도가 무게에 비례한다는 아리스토텔레스의 잘못을 증명하였으며, 물체 운동론을 연구하여 관성의 법칙, 낙하 물체의 가속도가 일정하다는 사실, 탄환이 포물선을 그린다는 사실 등을 밝혔다.

조화로운 세상의 법칙을 만들다

구름 한 점 없이 맑은 밤, 빌딩 숲 사이로 휘영청 떠오른 보름달을 보고 있노라면 오만 가지 엉뚱한 상상에 휩싸이곤 합니다.

'저렇게 큰 달이 정말로 지구 주위를 돌고 있는 게 사실일까? 남산에 올라가기만 해도 저 달이 손에 닿을 수 있을 것 같은데', '우리는 평생 달의 한 면만 볼 수 있다는데 그럼 우리가 볼 수 없는 달의 뒷면에는 실제 뭐가 있는지 모르는 거 아닐까', '외계인이 살고 있는데 과학자들이 속이고 있는 거 아닐까' 등등.

이내 비상식적이고 비과학적이기까지 한 상상을 거두어들이고, 중고등학교 과학 시간에 배운 지식을 떠올리지만, 직접 제 눈으로 확인하지 못하였기 때문인지 가슴속 한구석에는 이러한 의구심들이 아직도 조금 남아 있는 것이 사실입니다.

달은 지구의 위성(satellite)입니다. 태양계의 여덟 개 행성 중 수성과 금성을 제외한 나머지 행성이 모두 가지고 있고, 행성의 주위를 돌며 행성보다 작은 천체. 이에 로마 제국에서 왕이나 귀족을 따라다니는 경호원을 뜻하는 satellite라는 이름을 붙인 인물이 바로 케플러입니다. 목성을 도는 네 개의 작은 별을 발견한 갈릴레이가 자신의 옳음을 입증하기 위해 궁정 수학자 케플러에게 이러한 논문을 보냈고, 케플러는 여기에서 로마 황제의 경호원을 떠올린 것이죠.

케플러는 행성의 운동 법칙을 밝혀내었으며, 여름철 남쪽 하늘에서 관찰되는 별자리인 뱀주인자리에서 초신성(Supernova, 케플러 신성)을 발견한 위대한 천문학자입니다. 또 현대 천체망원경의 원형이라 할 케플러식 망원경을 발명하기도 했지요. 하늘을 관찰하고자 하는 천문학자에게 망원경은 없어서는 안 될 중요한 도구이니 갈릴레이나 케플러 같은 위대한 천문학자가 직접 망원경을 발명한 것은 당연한 일이죠?

자연현상의 다양성은 너무 위대하고, 하늘에 숨겨진 보물들이 너무 많아 인간의 마음은 새로운 영양 공급에 결코 부족함이 없다.

우주에 대해 비교적 많은 사실이 알려진 현대를 사는 저에게 여

케플러의 《우주 구조의 신비》에 나오는 우주모형도

　　　　　과학자의 명언으로 배우는 교양과학

전히 밤하늘은 경이롭고 신비로운 대상인데, 하물며 우주에 대해 아예 몰랐다고 해도 될 정도로 거의 알려져 있지 않은 시대를 산 케플러는 어땠을지 상상이 갑니다.

지동설을 기하학으로 뒷받침하다

1571년 독일에서 태어난 요하네스 케플러는 튀빙겐대학에서 신학을 공부하던 중 당대의 유명한 천문학자 미하엘 매스트린 교수의 천문학 강의를 듣고 크게 감명을 받아 천문학으로 전향합니다. 매스트린 교수는 프톨레마이오스의 천동설과 코페르니쿠스의 지동설을 모두 가르쳤는데, 케플러는 고민 끝에 코페르니쿠스의 체계를 따르게 되지요. 이후 케플러는 프라하로 가 궁정 수학자로 일하던 티코 브라헤의 밑에서 함께 일하기 시작합니다.

이후 1601년 브라헤가 세상을 떠나자 궁정 수학자 자리와 함께 브라헤가 살아생전 관찰한 행성 및 항성의 운행에 관한 엄청나고도 정확한 자료들을 물려받습니다. 그리고 이를 연구하여 코페르니쿠스 체계를 뒷받침할 규칙을 찾아냅니다. 지구를 우주의 중심에서

우주를 경이롭게 바라본 케플러

밀어내기는 했으나 오랫동안 적극적인 동조를 받지 못하고 있던 지동설을 세상이 받아들이게 하는 데 가장 큰 공헌을 한 것이죠.

자, 그럼 '케플러의 행성운동법칙'으로 알려진 행성의 세 가지 운동법칙을 살펴보겠습니다.

1. 각 행성은 태양을 초점으로 하는 타원의 궤도를 돌고 있다.

'타원 궤도의 법칙'이라고도 부르는데 태양계의 모든 행성은 타원형의 궤도를 따라 움직이며, 타원의 두 개 초점 중 하나에 태양이 위치한다는 뜻입니다. 이전까지는 천동설이든 지동설이든, 모든 행성의 궤도는 원형이라 생각했습니다. 케플러도 이와 같이 가정하고 화성의 공전 궤도를 기하학적으로 작도해보던 중 실제 관찰 결과와 맞아떨어지지 않는다는 사실을 발견합니다. 그리하여 행성의 공전 궤도가 원이 아닌 타원이라는 사실을 밝혀내지요.

2. 행성과 태양을 잇는 동경은 같은 시간과 간격에서 같은 면적을 지나 간다.

쉽게 이야기하면, 행성은 같은 시간 동안 같은 면적을 휩쓸며 움직인다는 것입니다. 행성의 속도와 그 궤적이 그리는 넓이의 곱은 항상 일정합니다. 흔히 '면적 속도의 법칙'이라고 부르죠.

3. 행성의 공전 주기의 제곱은 궤도 긴반지름의 세제곱에 비례한다.

세 번째 법칙은 다음과 같은 식으로 나타납니다.

$$\left(\frac{T_1}{T_2}\right)^2 = \left(\frac{D_1}{D_2}\right)^3$$

태양 주위를 도는 임의의 두 행성의 공전 주기(T)의 비를 제곱한 것은 태양으로부터 두 행성까지의 거리(D)의 비를 세제곱한 것과 같다는 것이죠.

이로써 케플러는 코페르니쿠스의 체계를 기하학적으로 설명하며 태양과 행성의 운동 관계를 과학적으로 설명하는 근대 천문학 이론의 틀을 세웁니다. 비록 행성이 왜 태양을 중심으로 이러한 운동을 하는지는 나중에 뉴턴이 밝혀내지만요.

위의 법칙들 중 첫 번째 법칙과 두 번째 법칙은 1609년에 출간된 《신 천문학》에, 마지막 세 번째 법칙은 1619년에 출간된 《우주의 조화》에 담겨 있습니다.

세계의 조화를 간파한 선견지명

케플러는 창조주 하느님이 세상을 매우 조화롭게 만들었다고 생각했습니다.

수학(기하학)은 사물(을 이해하는)의 기본에 앞서 신성한 마음과 영원히 공존하는 것이고 바로 신 자신이다. 그래서 수학은 신에게 세상(우주)을 창조할 수 있는 방법을 제공하고는 다시 신의 이미지로 그걸 인간에게 넘겨주었다.

―《우주의 조화》

세상을 수와 음악적 조화로 설명하려 했다는 점에서 피타고라스학파와 연장선상에 있다고 볼 수도 있는데, 예를 들어 세상의 모든 물체는 다섯 개의 정다면체(정사면체, 정육면체, 정팔면체, 정십이면체, 정이십면체)의 속성에 따라 운동을 한다고도 했습니다. 논문 〈육각형의 눈송이에 대하여〉(1611)에서 여섯 개의 대칭 막대로 구성된 눈의 결정구조를 이야기했는데, 300년이 지나 X선 결정학이 발달하여 이 가설을 이론적으로 입증해 화제가 되기도 했죠.

| 천체의 종류 |

별. 천체의 종류에 대해 알아봅시다. 항성은 천구 위에서 상대 위치를 바꾸지 않고 별자리를 구성하는 별입니다. 태양과 같이 스스로 빛을 내지요. 행성은 중심별이 되는 항성의 강한 인력의 영향으로 타원 궤도를 그리며 항성의 주위를 돕니다. 지구, 화성, 목성 등 스스로 빛을 내지 못하고 항성의 빛을 받아 반사합니다. 위성은 행성의 인력에 붙잡혀 그 둘레를 도는 천체로 달은 지구의 위성이지요. 우리말로 살별이라 불리는 혜성은 가스 상태의 빛나는 긴 꼬리를 끌고 다닙니다. 항성을 초점으로 하는 타원이나 포물선에 가까우면서도 행성보다 훨씬 긴 궤도를 그리며 운행한답니다. 76년 주기의 핼리혜성이 제일 유명하지요. 소행성은 일정한 궤도를 따라 항성의 둘레를 공전하지만, 크기가 작아 행성과 구분되고 대기가 없어 꼬리도 생기지 않아 혜성과도 다릅니다. 유성체는 항성을 중심으로 하는 하나의 계 내를 임의의 궤도로 배회하고 있는 바윗덩어리입니다. 행성의 대기에 닿아 타며 소멸하는 것을 유성, 즉 별똥별이라고 하고, 만약 다 타지 않고 행성에 떨어지면 운석이라 부릅니다.

자, 하느님 보세요. 전 죽음에 몸을 던졌고 그래서 이 책을 씁니다. 지금 사람들이 읽든 미래의 사람들이 읽든 상관치 않습니다. 만약 하느님 당신이 누군가 당신을 공부할 수 있도록 (지금까지) 6000년의 세월을 기다려 주셨다면 저의 연구를 독자들이 읽도록 100년을 기다리게 해주소서.

−《우주의 조화》

실제로 채 100년도 지나지 않아 뉴턴이 케플러의 법칙을 수학적 기초로 하여 만유인력을 발견한 것을 보면, 케플러에게 선견지명이 있었다고 볼 수도 있겠네요.

과학을 넘어선 상상의 나래

케플러는 말년에 점성술사로 활동했을 정도로 점성술에도 관심이 많았습니다. 그리스어로 별을 뜻하는 astro와 말 혹은 공부를 뜻하는 logos의 합성어인 점성술(astrology)은 천문학(astronomy)과는 오랜 친구이자 동료입니다. 17세기 이전까지는 점성술과 천문학이 하나였습니다. 차이가 있다면 천문학이 좀 더 과학적이고, 점성술이 좀 더 철학적(미신적?)이라는 것이지요.

〈뱀주인자리의 발 부분에 있는 신성〉의 한 부분

사랑하는 친구여, 바라건대 나를 비난해서 수학적 계산이라는 물방앗간 틀에다 나를 가두지 말게나. 나의 유일한 즐거움인 철학적 사색을 할 수 있는 시간을 줄 수는 없겠나.

—친구 빈센조 비안치에게 보낸 편지에서(1619)

또한 케플러는 문학작가이기도 했습니다. 17세기 최고의 수학자이자 천문학자인 케플러가 공상과학 소설을 썼다는 사실은 잘 알려져 있지 않습니다. 그가 죽고 난 후 그의 아들인 루트비히 케플러가 출간하여 엄청난 파장을 불러일으켰지요.

《꿈》(1634)이라는 제목의 이 책은 달세계로 여행을 간 사람이 관찰하고 겪은 에피소드를 담고 있습니다. 코페르니쿠스 체계에 눈뜰 무렵부터 가슴에 품고 있던 의문인 '달에 있는 관찰자에게 지구에 일어나는 현상은 어떻게 보일까?'에 대한 사색과 고민의 결과라고 볼 수 있지요. 비록 세부 내용에서는 비과학적인 부분이 발견되지만 쥘 베른을 비롯해 후대 공상과학 소설가에게 중요한 실마리를 제공하기도 했습니다. 이렇듯 자신의 사유를 과학과 논리라는 틀에 제한하지 않고 상상의 나래를 펼쳤기에 위대한 과학자가 탄생하지 않았나 생각해봅니다.

요하네스 케플러 Johannes Kepler 1571~1630
독일의 천문학자·수학자. 화성에 관한 정밀한 관측 기록을 기초로 화성의 운동이 태양을 중심으로 하는 타원 운동임을 확인하고, 행성의 운동에 관한 케플러의 법칙을 발견하는 등 근대과학 발전의 선구자가 되었다.

세상의 중심에 지구를 놓다

자연과학의 여러 분야 가운데 가장 일찍 시작된 학문이 무엇인지 짐작이 가는지요? 네, 맞습니다. 바로 천문학입니다.

천문학은 인류 문명과 그 시작을 함께했다 해도 과언이 아닐 만큼 기원이 오래되었습니다. 이미 고대 바빌로니아 시대부터 점성술이나 달력의 작성 등과 관련하여 큰 번성기를 누렸으며, 이후 탐험과 항해의 시대에 이르러 또 한번 크게 발달하게 됩니다. 어떻게 보면, 단순한 학문적 호기심이라기보다는 다소 실용적인 목적이 천문학의 발달을 부추겼다고 볼 수 있는데, 현대에 와서는 분야도 다양해져 우주의 구조나 기원·진화 등을 다루는 우주론, 천체 대기의 성분이나 구조 등을 연구하는 천체물리학, 천체의 위치를 측정하여 연구하는 위치천문학, 천체의 운동을 다루는 천체역학 등 매우 세부적으로 나뉘어 활발한 연구 활동을 펼치고 있습니다.

어디에 있건 무슨 일을 하건, 우리는 날마다 해가 뜨고 지고, 달과 별이 뜨고 지는 광경을 목격합니다. 설사 과학적 지식이 대단한 사람이라 할지라도, 가만히 대지에 누워 해와 달과 별의 운행을 보고 있노라면 자연스레 '나'라는 인간을 중심으로 하늘이 회전하고 있다는 생각을 품지 않을까 싶은데요. 왜냐하면 내가 등을 대고 누워 있는 대지는 그동안 한 번도 움직이고 있다는 느낌이 들지 않는 반면, 하늘의 천체들은 계속 동쪽에서 서쪽으로 움직이고 있으니까요. 이러한 우주관이 바로 천동설, 즉 지구중심설입니다. 고대부터 중세까지 가장 오랫동안 인간의 사고 체계를 장악했던 개념이지요.

물론 시대가 변하며 천동설도 그 모습을 조금씩 달리합니다. 지구는 우주의 중심에서 움직이지 않으며, 그 주위를 태양과 달, 다른 행성이 돌고 있다는 핵심적인 내용은 변하지 않지만, 기원전 4세기에 이르면 지구가 편평한 평면이 아닌 구형이라는 사실이 밝혀지죠. 또 기원전 350년경의 에우독소스는 행성이 역행하는 것처럼 보이는 현상을 설명하려고 각 행성에 각기 몇 장의 동심구(同心球)를 겹치고, 각 구의 회전축과 회전 속도를 적당히 짜 맞춘 동심천구설을 고안하기도 했습니다. 기원전 250년경에 이르면 아폴로니우스가 태양과 달의 속도가 균일하지 못한 것을 설명하고자 공전의 중

천동설을 중심으로 한 천문학적 전승을 집대성한 프톨레마이오스

　　　　　　　　과학자의 명언으로 배우는 교양과학

심을 지구로부터 적당히 떼어놓은 이심원설(離心圓說)을 채용했고, 또 행성의 역행과 지구 접근을 동시에 설명하기 위해 주전원설(周轉圓說)을 제시하기도 했습니다.

고대 우주관의 총정리

그러나 이러한 고대의 우주관은 체계적으로 정리가 되지 못한 채 산발적으로 등장해 천동설을 연구하려는 이들에게 많은 혼란을 주었습니다. 이때 선배 천문학자들이 관찰하여 기록한 사실들을 세밀하게 연구하고 체계적으로 정리한 이가 있었으니, 그가 바로 클라우디우스 프톨레마이오스입니다.

프톨레마이오스에 대해서는 알려진 사실이 거의 없습니다. 85년경에 이집트에서 태어나 165년경에 알렉산드리아에서 세상을 떠날 때까지 인생의 대부분을 알렉산드리아에서 지냈다고 합니다. 또 클라우디우스라는 이름에서 그가 로마시민이었을 것으로 추정하며, 프톨레마이오스라는 성은 이집트 왕족과 같기 때문에 왕족 집안이 아니었을까 추측하기도 합니다. 분명한 것은 그가 천문학과 기하학, 지리학, 점성학 등에 뚜렷한 발자취를 남긴 과학자라는 사실입니다.

그는 천동설을 중심으로 한 천문학적 전승을 집대성하고, 이를 뒷받침할 만한 수학적 설명을 덧붙여 13권짜리 대작 《알마게스트》를 세상에 내놓습니다. 특히 고대 그리스 및 바빌로니아의 자료와 기원전 2세기 히파르코스의 기록에 의존했다고 합니다. 재미난 것은 원래 제목이 '수학적 집대성(The Mathematical Compilation)'이었다가 '위대한 집대성(The Greatest Compilation)'으로 다시 바뀌고서, 책을 접하고 경탄한 아랍인들이 '가장 위대한 것'이라는 뜻의 단어 'Almagest'를 제목으로 붙였다고 합니다.

《알마게스트》는 프톨레마이오스의 초기 저작물로 지구를 중심으로 태양과 달, 행성의 운행에 대한 상세한 수학적 이론을 담고 있습니다. 프톨레마이오스 체계로 알려진 우주 모형을 설명하고 있는 것이지요. 앞에서도 말했듯 그는 선조가 관측하고 기록해놓은 천문학적 자료를 정리하며 우주 현상을 체계화하려고 했는데, 책 속에서 의도를 명확하게 밝혔습니다.

> 우리는 현재까지 발견했다고 생각하는 모든 것을 기록하려고 노력할 것이다. 우리는 가능한 한 정확하게, 그 분야에서 이미 어느 정도 발달한 방법에 따라 이를 기록할 것이다. 이러한 과정을 완벽하게 하려고 적절한 순서로 천체의 이론에 유익한 모든 것을 체계화할 것이다. 그러나 필요 이상으로 설명이 길어지는 것을 피하고자 고대에 적절히 성립된 것들은 다시 계산하지 않을 것이다. 하지만 선조들이 거의 다루지 않은 주

《알마게스트》의 머리그림

과학자의 명언으로 배우는 교양과학

제들은 그들이 생각하기에 유익하지 않았을지라도 우리 능력이 다하는 데까지 논의할 것이다.

그래서 어떤 이는 남들이 해놓은 일을 방대하게 정리했을 뿐 전혀 새로운 일을 한 게 없다며 프톨레마이오스의 업적을 깎아내리기도 합니다. 그러나 기하학적 모형을 써서 해와 달 그리고 다섯 행성의 위치 및 일식과 월식의 원리를 수학적으로 계산했다는 점, 별의 광도를 6등급으로 나누었다는 점 등 프톨레마이오스만이 이룩한 위대한 업적이 있음을 《알마게스트》를 읽어보면 금세 알 수 있습니다.

지구는 우주의 중심

《알마게스트》에 담긴 천동설의 핵심은 다음과 같습니다.

1. 하늘은 구형이며, 구처럼 움직인다.
2. 지구도 완전한 구형이다.
3. 지구는 세상의 중심에 위치한다.

프톨레마이오스 체계에 따른 중세의 세계지도

4. 항성들이 박힌 구의 크기와 거리에 비교하면 지구의 크기는 점 하나와 같다.

5. 지구는 아무런 움직임 없이 고정되어 있다.

프톨레마이오스는 천체가 지구를 중심으로 달, 수성, 금성, 태양, 화성, 목성, 토성의 순서로 나열되어 회전하고 있으며 나머지 별은 그 바깥쪽 별의 천구에 붙박여 있다고 생각했습니다. 수성과 금성, 화성, 목성, 토성, 다섯 개의 행성은 주전원(epicycle)을 따라 돌고 있는데, 이 주전원의 중심이 이심원(eccentric circular)을 따라 움직이며, 이심원의 중심 근처에 지구가 위치하지요. 정확히 지구가 중심에 위치하고 있는 것은 아니지만 지구 바깥에서 모든 천체가 돌고 있다는 것은 고대로부터 내려온 관념과 변함이 없습니다.

그 누구도 만족스럽게 설명하지 못하던 다섯 행성의 복잡한 운행을 프톨레마이오스는 주전원과 이심원 체계를 도입하여 실제 관측된 자료에도 잘 들어맞는 정교한 수학적 모델을 만들어냈습니다. 그랬기에 16세기에 등장한 코페르니쿠스에 의해 완전히 뒤집히기까지 장장 1500년간 서양의 우주관을 지배할 수 있지 않았을까 하네요.

정밀한 체계를 세우다

프톨레마이오스는 지리학에도 관심을 보여 장장 여덟 권짜리《지리학》을 쓰기도 했습니다. 기존에 작성되어 있는 지도를 바탕으로 만든 일종의 세계 지도 책자인데, 로마 제국을 제외하고는 기존 자료들이 대부분 엉터리였기 때문에 이 책 자체도 부정확하다고 봐야 하겠습니다. 또 색과 반사, 굴절 등을 연구하여《광학》을 집필하기도 했습니다. 역시 다섯 권에 이르는 대작입니다.

이쯤에 이르면 프톨레마이오스가 정말 대단한 인물이라는 생각이 들지 않을 수가 없습니다. 보통 태어나 죽을 때까지 한 권의 책을 쓰기도 어려운 판국에《알마게스트》열세 권에,《지리학》여덟 권에,《광학》다섯 권을 썼습니다. 그뿐 아니라 점성학에 관한 내용을 담은《테트로비블로스》네 권까지…… 거의 매일 책상 앞에 앉아 글만 쓰지 않았을까요.

그의 다른 저서가 그러했듯이《테트로비블로스》도 큰 인기와 영향력을 누렸습니다. 특히 이슬람 세계와 중세 서유럽에서 꽤 널리 알려졌다고 하죠. 당시에는 천문학과 점성학을 하나로 취급하던 시기라 많은 천문학자가 점성술사로도 이름을 날렸습니다. 게다가 프톨레마이오스는 점성술을 의학과 마찬가지로 인간의 질병을 낫게 하는 데 꼭 필요한 학문으로 여겼다고 합니다. 하늘의 천체가 인간의 몸에 지대한 영향을 끼치고 있기 때문에, 병을 치료하려면 반드시 점성술을 통해 천체의 운행을 알아야 한다고 생각했던 것이죠.

프톨레마이오스의 체계는 후대로 내려오면서 많은 비판을 받고 결국에는 잘못된 우주관으로 낙인찍히고 맙니다. 그러나 프톨레마이오스 체계의 수학적 정밀성은 아직도 수학자들이 연구하고 있을 정도로 뛰어나다는 평가를 받고 있습니다. 과학적 기술과 도구가 발달하고, 그에 따라 관측할 수 있는 대상의 범위나 정확성도 증가하면, 결국에는 알지 못하던 사실이 발견되어 새로운 이론이 등장하는 것은 당연한 이치입니다. 그러므로 이제는 프톨레마이오스 체계를 과학적 기준으로 재기보다는 그 시대를 대표한, 그리고 이전 시대의 지식을 충실히 재현한 하나의 고전으로 바라볼 필요가 있을 것 같다는 생각이 듭니다. 실제로 프톨레마이오스가 없었더라면 고대 그리스나 바빌로니아의 천문학 지식은 이 땅에서 사라지고 더는 찾아볼 수조차 없었을 테니까요.

신의 의지를 이 땅에 구현하고자

프톨레마이오스가 말했다는 문장에서 우리는 그가 천문학을 대하는 자세가 어떠했는지를 짐작할 수 있습니다.

> 내가 기쁜 마음으로 여기저기로 이동하는 천체의 움직임을 관찰할 때면, 나는 더 이상 두 발로 땅을 딛고 서 있는 게 아니다. 나는 제우스 앞에 서서 신들이 주는 음식인 암브로시아를 배불리 먹고 있는 것이다.

암브로시아는 그리스신화에 나오는 불로장생의 음식입니다. 거대한 우주 앞에서 천체를 관찰하고 있노라면, 한낱 인간의 위치에서 벗어나 불로장생의 음식을 먹고 신이 되는 듯한 기쁨이 충만하다는 뜻 아닐까요? 프톨레마이오스는 하늘의 천체를 관찰하여 과학적으로 설명하기보다는 신이 만들어놓은 세계를 이 땅에서도 완벽하게 구현하려던 건 아닐까 하는 생각이 들게 하는 문장입니다.

그의 의도가 그러했다면 정말로 완벽하게 성공한 셈입니다. 1500년 간이라는 긴 시간 동안, 수많은 사람이 한 치의 의심도 없이 깜빡 속아 넘어갔으니까요. 안 그런가요?

클라우디오스 프톨레마이오스 Claudius Ptolemaeos ?~?
고대 그리스의 천문학자 · 지리학자. 2세기 중엽의 사람으로 수리 천문서 《알마게스트》를 저술하여 지구를 중심으로 모든 천체가 회전하고 있다는 천동설로 인류의 사상을 오랫동안 지배하였다.

인류의 평화를 위해 행동하는 지식인의 초상

'노블레스 오블리주(Noblesse Oblige)'라는 말을 한 번쯤은 들어보았을 겁니다. 프랑스어로 '노블레스'는 '귀족'이란 뜻으로, 의미를 확대하면 사회적 상류층, 사회를 이끌어가는 지식인 등의 사회 지도층을 가리킵니다. '오블리주'는 동사로 '책임이 있다'는 뜻이지요. 따라서 노블레스 오블리주란 사회 지도층은 사회적 책무를 져야 한다는 의미입니다. 외환위기를 맞은 지난 1997년 이후 사회 각계각층에서 지도층의 반성을 촉구하는 목소리가 드높아지기 시작했습니다. 지식인의 역할과 책무란 어떤 것인지를 함께 고민하고 요구하는 목소리도 들렸고요. 특히 줄기세포 파문이 일었을 때는 과학자의 책무에 대한 이야기로 인터넷과 신문, 각종 텔레비전 프로그램들이 시끌벅적했죠. 지식인이란, 과학자란 이러저러해야 한다고 말은 많이 하지만 그리 쉽지만은 않은 문제인 듯합니다.

20세기 최고의 행동하는 지성, 양심 있는 지성으로 잘 알려진 놈 촘스키는 지식인의 책무에 대해 이렇게 말합니다.

지식인의 책무는 진실을 말하고 거짓을 폭로하는 것이다.

촘스키는 언어를 인간이 보편적으로 타고난 능력의 결과로 간주하는 '변형생성문법' 이론 등 현대 언어학을 창시한 언어학자로도 유명하지만, 1960년대 베트남전 이후 약소국의 내정에 개입하는 미국의 대외 정책을 신랄하게 비판하며 행동하는 지성을 몸소 실천하고 있는 인물이지요. 이런 촘스키가 자신보다 높이 사는 인물이 한 명 있습니다.

세 가지 열정이 내 인생을 지배했다. 사랑에 대한 갈망, 지식에 대한 탐구욕, 인류의 고통에 대한 연민!

−《버트런드 러셀 자서전》〈서문〉에서

촘스키의 연구실 벽면에는 위 문구가 쓰인 커다란 인물 포스터가 한 장 붙어 있다고 하죠. 바로 철학자이자 수학자, 문필가, 반전 운동가, 대안 교육가, 여권 신장 운동가 등 다양한 삶을 산 버트런드

20세기 최고의 행동하는 지성 놈 촘스키

과학자의 명언으로 배우는 교양과학

러셀입니다. 한 인터뷰에서 촘스키는 러셀에 대해 이렇게 말한 적이 있습니다.

"러셀과 아인슈타인은 대중에게 완전히 다른 세계의 사람처럼 인식돼 있지만 무척 비슷한 생각을 품고 있었어요. 그들이 가장 걱정한 것은 핵무기였고, 모두 사회주의자였죠. 그런데 아인슈타인은 우상이 되고 러셀은 전혀 그렇지 않았어요. 왜 그랬을까요? 아인슈타인은 탄원서에 서명한 후 연구실로 돌아가 물리학에 전념했지만, 러셀은 서명에 그치지 않고 길거리 시위에 참여했기 때문이에요."

러셀과 아인슈타인은 1955년 핵무기 폐기 협정을 체결할 것을 주창하는 공동 선언문을 내놓았죠. 〈러셀–아인슈타인 선언〉으로 알려진 이 선언문은 후에 과학 기술의 평화적 사용을 모색하는 세계적인 핵군축 평화 회의인 '퍼그워시 회의'의 탄생으로 이어집니다. 수학자에서 철학자로 그리고 반전 운동가로 그 행보를 이어간 러셀은 현대 언어학의 창시자에 머무르지 않고 가장 예리하고 끈질긴 사회비평가로 평가받는 촘스키에 비견됩니다. 그럼, 산 자와 죽은 자를 통틀어 아리스토텔레스와 같은 8대 지성의 반열에 오른 촘스

베트남전쟁 반대를 연설하는 러셀

키가 존경해 마지않은 러셀의 삶이란 어떠했는지 그리고 그 속에서 참지식인의 모습을 살펴봐야겠죠?

20세기 대표 지식인

버트런드 러셀은 다양한 분야에서 큰 영향력을 행사한 20세기의 대표적인 지식인 가운데 한 사람입니다. 흔히 철학자로서 노벨 문학상(1950)을 받은 문필가로 알려졌지요. 아마도 철학에 관심이 있는 사람이라면 그가 쓴 《서양철학사》를 한쪽 귀퉁이라도 얼핏 봤을 듯한데요. 실제로 이 책은 1945년 출간되자마자 영미권에서 베스트셀러가 되었고 한동안 러셀의 주수입원이었다고 하죠. 그런 그가 현대 수학의 중요한 경향 중 하나인 '논리주의 구상'을 체계화한 수학자이자 논리학자라는 사실은 그다지 많이 알려지지 않았습니다. 그도 그럴 것이 그가 수학을 연구한 것은 1900년대 초반까지의 젊은 시절뿐이었으니까요.

1872년 5월 18일, 영국 남부의 명문가에서 태어난 러셀은 열한 살 무렵 친형으로부터 기하학을 배우고 나서 수학에 흥미를 느끼기 시작합니다. 이후 케임브리지의 트리니티칼리지에서 수학을 공부하기 시작하죠. 그러나 4학년에 접어들면서 철학에 관심을 두면서 주로 철학의 고전과 수리철학에 관한 책을 읽었습니다. 케임브리지를 졸업한 후에는 미국에서 비유클리드 기하학을 2년간 가르친 후 베를린으로 이주해 경제학을 공부하며 마르크스주의를 접했고 독일 사회민주주의를 연구한 결과를 책으로 펴내기도 했습니다. 바로 러셀의 첫 번째

과학자의 명언으로 배우는 교양과학

책인 《독일 사회민주주의》(1896)입니다. 러셀은 1970년 세상을 떠날 때까지 100권에 달하는 책을 썼는데, 그중 1903년에 출간한 《수학의 제원리》와 1910년 앨프리드 화이트헤드와 함께 쓴 《수학원리》(일명 프린키피아)는 논리학과 수리철학의 새 장을 열었지요.

제1차 세계대전이 발발할 무렵부터 사회주의와 평화를 향한 러셀의 사회활동이 본격적으로 드러나기 시작합니다. '징병거부협회'를 만들어 징병제 도입 반대운동을 펼쳤으며, 결국 이 활동을 이유로 케임브리지대학의 강사직에서 쫓겨나고 투옥되기도 했지요. 1930년대 유럽에서 파시즘이 득세하고 제2차 세계대전이 발발했을 때는 더욱 활발하게 반파시즘과 반전 운동을 벌이며 실천적 지식인의 모습을 보여줍니다.

그리고 1954년 미국이 남태평양 비키니 군도에서 수소폭탄 실험을 했다는 소식을 듣게 되죠. 이미 미국은 1945년 일본 히로시마와 나가사키에 원자폭탄을 투하하여 엄청난 수의 사람을 지옥으로 내몬 전적이 있었기 때문에 러셀은 그냥 보고만 있을 수 없었습니다. 그래서 저명한 지식인과 과학자 11명의 서명을 받아 핵무기 폐기 협정 체결을 제창하는 공동선언문을 내놓습니다. 같은 해 4월 18일

1957년에 열린
퍼그워시 회의 참석자들의 기념사진

숨진 아인슈타인이 죽음을 눈앞에 두고 서명에 동참해 〈러셀-아인슈타인 선언〉으로 불리는 이 문서는 핵전쟁에 의한 인류 멸망의 위기를 경고하고 전쟁 회피를 강조하는 내용을 담고 있습니다.

러셀-아인슈타인 선언

> 우리는 인류가 처한 비극적 상황에 대해 과학자들이 모여 대량 학살 무기의 개발이 가져온 위험을 평가하고 첨부된 초안과 같은 취지에서 결의안을 논해야 한다고 생각한다.

선언문의 원문을 직접 읽어보면 그들이 얼마나 강경한 어조로 원자폭탄에 대한 반대 의사를 표명하고 있는지 느낄 수 있습니다. 1955년이면 냉전이 격해지며 양대 강대국인 미국과 소련의 무기 경쟁도 함께 치열해지던 시기입니다. 핵폭탄을 포함하여 미사일 등 각종 대량 살상 무기가 각 나라 연구실에서 앞다투어 개발 중이었지요.

미국이 일본에 투하한 원자폭탄도 사실 이러한 무기 경쟁의 산물입니다. 미국이 나치보다 먼저 원자폭탄을 만들어내려고 '맨해튼프로젝트'라는 원자폭탄 제조 계획을 세운 것이지요. 아인슈타인은 맨해튼프로젝트에는 실질적으로 참여하지 않았지만, 루스벨트 미 대통령에게 나치보다 먼저 원자폭탄을 개발할 것을 촉구하는 편지를 썼습니다. 어떻게 보면 죽기 직전에 이 선언에 사인을 함으로써 아인슈타인은 자신의 잘못을 전 세계에 공개적으로 뉘우친 셈입니다.

일반 대중은 물론 권좌에 앉은 많은 사람조차도, 핵폭탄을 사용한 전쟁이 초래할 결과를 깨닫지 못하고 있다. 대중은 여전히 도시의 파괴 정도만을 생각한다. 새로운 폭탄은 예전의 폭탄보다 강력하고, 따라서 원자폭탄 하나가 히로시마를 파괴할 수 있다면, 수소폭탄 하나는 런던, 뉴욕, 모스크바 같은 대도시를 파괴할 수 있을 것이다.

이 죽음의 방사능 입자들이 얼마나 멀리까지 퍼져 나갈 수 있는지는 아무도 모른다. 하지만 이 분야 최고의 권위자들은 이구동성으로 수소폭탄을 사용한 전쟁이 인류를 멸망시킬 수 있다고 말한다. 여러 개의 수소폭탄이 사용될 경우 대규모의 몰살이 우려된다. 곧바로 죽는 사람은 소수이지만, 대다수는 질병으로 고통 받으며 서서히 죽어갈 것이다.

1952년과 1953년, 미국과 소련은 각자 수소폭탄을 개발합니다. 일본에 투하된 폭탄은 핵분열로 열과 빛 에너지를 내는 원자폭탄이었고 1950년대에 개발된 수소폭탄은 그 반대로 핵융합으로 열과 빛 에너지를 발생시킵니다. 지구 내부까지 파괴할 정도로 원자폭탄을 월등히 넘어서는 가공할 무기가 개발이 되었으니, 전쟁이 터졌다 하면 정말 지구상에서 살아남을 생명체가 있을까 하는 우려를 낳을 법합니다.

앞으로 일어날 세계대전에는 분명 핵무기를 사용하게 될 것이며, 그러한 무기가 인류의 존속을 위협한다는 사실에 대하여, 우리는 세계의 정부들이 그들의 목적인 세계대전으로 나아가지 않을 것임을 구체화하고 공식적으로 발표해주기를 촉구한다. 그리고 우리는 이에 따른 당연한 귀결로, 세계의 정부들이 서로 모든 분쟁거리를 해결하기 위한 평화적 수단을 모색할 것을 강구한다.

평화를 위한 과학, 퍼그워시 회의

〈러셀-아인슈타인 선언〉에 자극을 받은 과학자 22명은 1957년 캐나다 노바스코샤에서 제1차 총회를 개최합니다. 이 회의가 바로 핵 저지 공로로 1995년 노벨 평화상까지 받은 퍼그워시 회의죠. 회의의 전제는 '과학과 기술을 평화를 위해 이용하자'이며, 이를 위해 과학자들은 핵이나 대량 살상 무기로부터 실제적이고 잠재적인 위협을 막고, 과학자의 도덕적 사회적 의무를 다해 달라고 요구합니다. 평생을 한결같이 반전-평화 운동을 펼친 사회 사상가이자 운동가이던 러셀의 정신은 이렇게 끊이지 않고 이어져 내려오고 있습니다.

세상의 전반적인 문제는 바보와 미치광이들이 자신(자신들의 주장이나 신념)을 아주 확신하는 것이다. 그러나 현명한 사람들은 의문으로 가득 차 있다.

자신이 하는 일이나 학문을 확신하는 것은 매우 중요합니다. 그러나 그것이 지나쳐 자만에 빠지거나 다른 사람의 이야기에는 귀 기울이지 않는다면 세상이 어떤 모습으로 돌아갈지 보지 않아도 뻔

합니다. 단지 기술을 다룬다는 점에서 책임의식이 더 가중될 뿐 과학을 하는 사람뿐 아니라 지식계층의 사람이라면 누구나 어깨에 '책임의식'이라는 쌀가마를 하나 더 짊어지고 말하고 생각하고 행동해야 하지 않을까요?

버트런드 러셀 Bertrand Arthur William Russell 1872~1970
영국의 철학자 · 수학자 · 사회평론가. 수리철학, 기호논리학을 집대성하여 분석철학의 기초를 닦았다. 평화주의자로 제1차 세계대전과 나치에 반대하였으며, 원폭 금지운동 · 베트남전쟁 반대운동에 앞장섰다. 1950년에 노벨 문학상을 받았다.